ANIMAL ETHNOGRAPHY

新・動物記 | 9 |

ヒト心あれば魚心

釣られた魚は忘れない

高橋宏司

TAKAHASHI KOHJI

京都大学学術出版会

「魚に心はあるのか?」
なんて考えたこともない人がほとんどだろう。
しかし、水槽越しに彼らを見ていると、
そこに心を感じずにはいられない。
仲間をまね、危険から学び、住処を掃除する魚たち。
そんな彼らが見せる魚心、
それはヒトの心と通じるのかもしれない。

京都大学舞鶴水産実験所の飼育棟に並ぶ水槽

マアジ

Trachurus japonicus

スズキ目アジ科。日本全国の沿岸から沖合でみられる。岩礁帯から砂浜帯の表層から底層まで広く分布し、日本人にとって最もポピュラーな海産魚の一つ。水産学的に重要な多獲性の浮魚で、生態の研究が多い。

釣り情報 防波堤でのファミリーフィッシングで馴染み深く、最近ではアジを専門とした「アジング」も行われている。

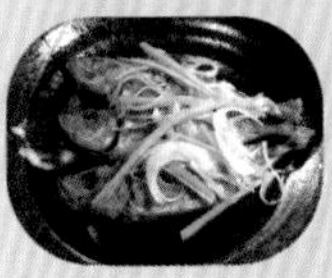

味が良いからアジといわれるだけあり、大衆魚にして至極のアジである。

水流を感知する側線のある鱗は稜鱗(ぜいご)になっていて触ると刺さる。

スーパーで見かけるアジの多くは青みがかった暗緑色をしているが稚魚の生体は黄金色をしている。

よく似たマルアジとは小離鰭の有無(マアジにはない)で見分けることができる。

幼少期に沖合表層環境から沿岸環境へと生活環境が大きく変わる。環境が変われば覚える能力も変わる。→1・2章

生涯の多くを群れに依存した社会生活を送るアジだが、小さい時は群れを作らない。周りを取り巻く社会環境が変われば社会の中での振る舞いも変わるかもしれない。→3章

大型クラゲなどに寄り付き漂流生活を送る。

体長5cm頃になると沿岸生活へと移行する。

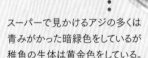

シマアジ

Pseudocaranx dentex

スズキ目アジ科。どちらかというと南方系のアジ科魚類。稚魚は他のアジ科と同様に表層生活を送るが成長につれて底生性が強くなる。高級なアジである本種は養殖が行われているが、庶民である私の口にはなかなか入らない。

釣り情報　針がかりした際に口先が切れやすく釣るのが難しいと噂のシマアジ。一度は釣って味わいたいものである。

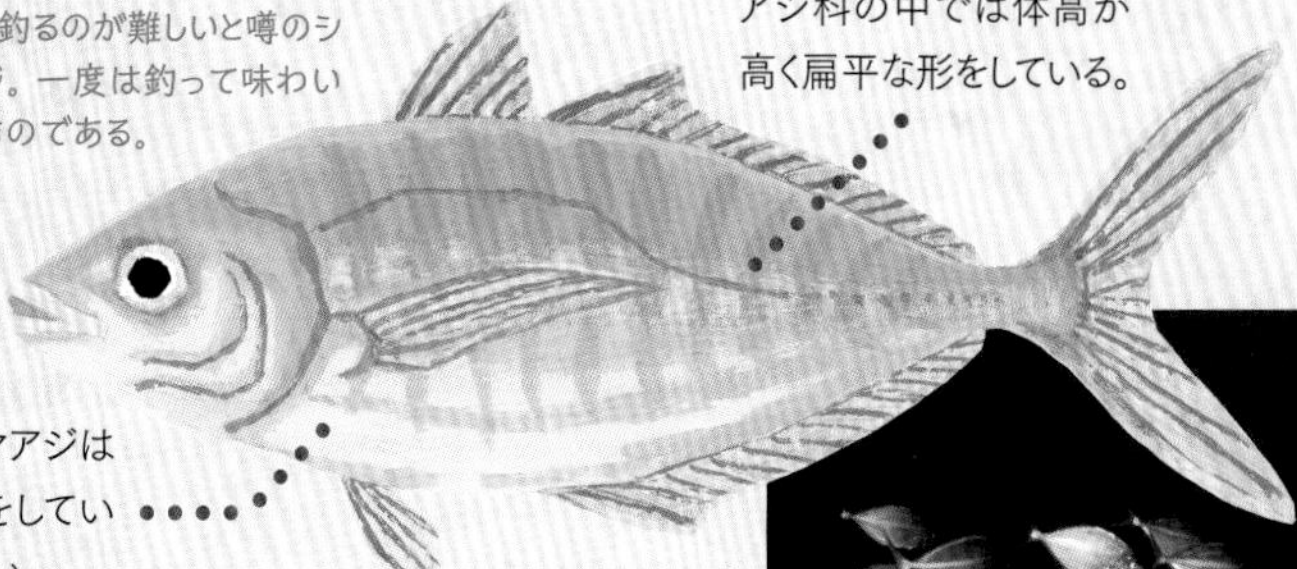

アジ科の中では体高が高く扁平な形をしている。

稚魚期のシマアジは淡い青緑色をしていてとても美しい。

マアジと同じように群れに依存した生活を送るシマアジ。そんな彼らは、仲間の行動を理解しているのだろうか？ →3章

ヒラメ

Paralichthys olivaceus

カレイ目ヒラメ科。生まれてからの浮遊期は通常の魚と似た形態で遊泳している。体長1cm頃から右目が左側に移動する変態が始まり、1cmを超えたあたりから海底生活に移行する。種苗生産技術が確立されており、資源を増やすために人工種苗の放流が各地でなされている。

釣り情報　その特徴的な身体つきから釣り人の憧れの魚である。

本来は海底で生活するヒラメであるが飼育現場では水面まで浮上する行動がしばしば見られる。この浮きがちな性質は放流には適さないと考えられている。 →4章

普通の魚と異なるヒラメは5枚おろしにする。淡白な白身が絶品。

左ヒラメ右カレイといった見分け方が有名だが、大口のヒラメは口の形でカレイ科と見分けられる。

普通の魚を薄く潰したような形をしているが正面から見ると意外と普通の魚形。

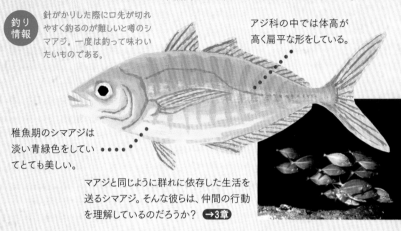

マダイ

Pagrus major

釣り情報　専門の仕掛けが開発されるほどの人気ターゲット。稚魚でもサイズの割にヒキが強くその高級感も相まって釣れると少し嬉しい気持ちになる。

スズキ目タイ科。沖合で生まれた稚魚は海流に乗って流され体長1cm頃に海底に移行する。稚魚はその後しばらく沿岸で生活を送り、4cm頃から縄張りを形成するようになる。魚の王様ともいわれている日本人にも馴染み深い海産魚であり、全国の水産現場でもっともよく飼育されている魚種の一つ。

めで「タイ」ことから冠婚葬祭でも振る舞われるマダイだが、港町では意外と手頃な価格で味わえる。

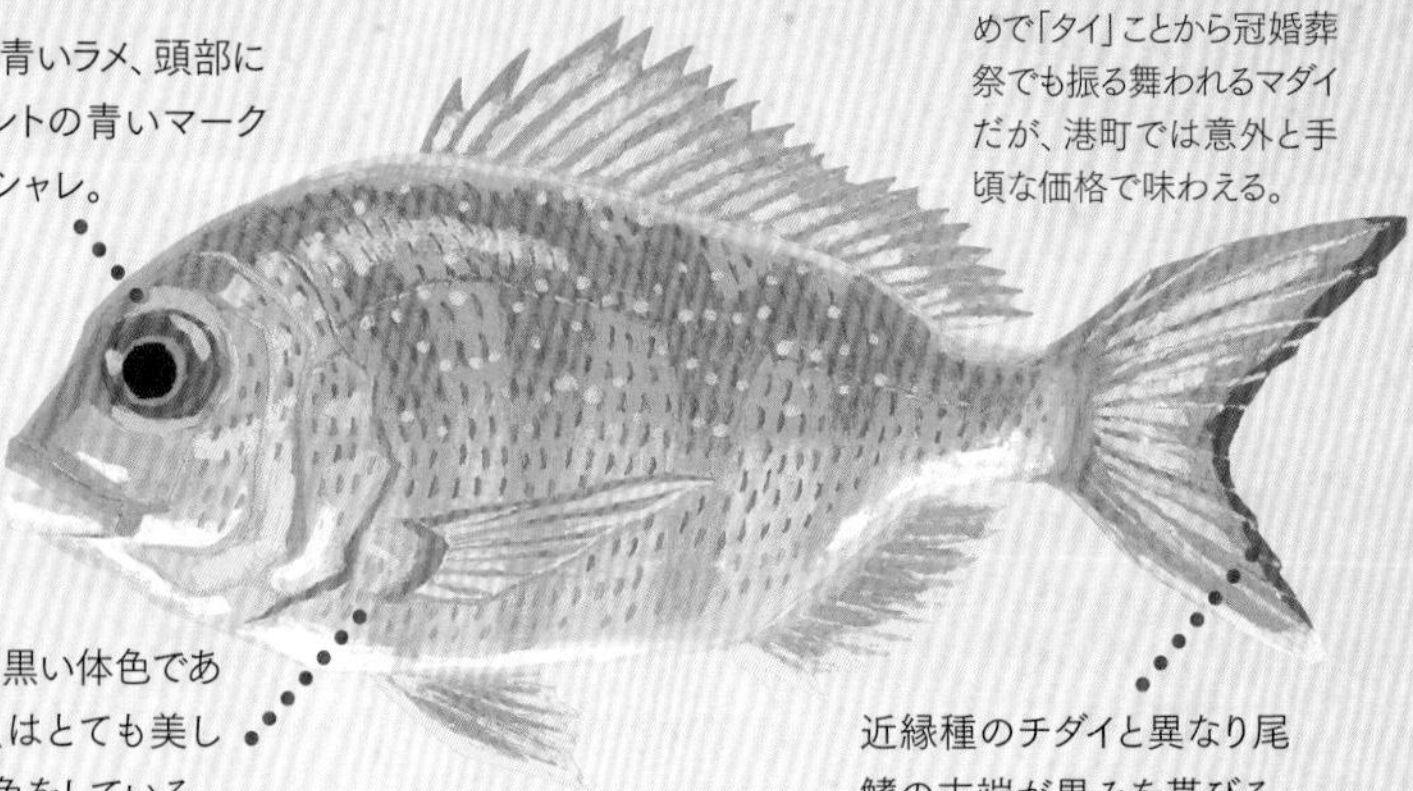

体側には青いラメ、頭部にワンポイントの青いマークがありオシャレ。

成魚は赤黒い体色であるが稚魚はとても美しいピンク色をしている。

近縁種のチダイと異なり尾鰭の末端が黒みを帯びる。

警戒すると背鰭を立てて身体を傾ける横臥行動という振る舞いをみせる。

ヒラメと並ぶ栽培漁業の対象種であるマダイだが、水槽で飼い慣らされた人工孵化稚魚はどこかのんびりしている。放流効果を高めるために性格を変えられないか。→4章

魚の王様も沿岸の釣りではよく見かける魚である。

放流がされている地域では釣った稚魚を海に帰すことが義務付けられている。そんな彼らは釣りの仕掛けとの遭遇機会が多いため、釣りの仕掛けを見極める能力が求められる。→5章

クモハゼ

Bathygobius fuscus

スズキ目ハゼ科。太平洋や九州の潮溜まりでよく見られるハゼの一種。大型のオスは繁殖巣を作りメスを求愛して卵を産んでもらい、孵化をするまで子育てをする。

釣り情報　体長10cmに満たない小型のクモハゼは釣りの対象にはならない。しかし、実験魚の採集時に果敢に仕掛けにアタックする様子は釣人心をくすぐる。

臀部に生殖突起があり成魚はここを見て雌雄を判断できる。

潮溜りに住むクモハゼは岩場などに身を潜めている。そんな彼らは自分の住処を掃除するのだろうか？ →6章

いわゆるハゼの形をしており海底生活に適した腹鰭を持つ。

キンギョ

Carassius auratus

コイ目コイ科。中国のギベリオブナを原種に品種改良をされてきたとされる観賞魚。出店の金魚掬いや大型ホームセンターのペットコーナーで必ず見かけるキンギョは、日本だけでなく世界的にもペットとして愛されている。

釣り情報　ペットであるキンギョは通常釣られることはないが、専門の釣り堀などで釣ることができる。口が小さく、意外と釣るのは難しい。

最もメジャーな品種の和金はフナ形で泳ぎに適した体つきをしている。

様々な体色・体型の品種が存在する。

安価で入手ができ、飼育もしやすいキンギョは、魚類心理学の実験に触れてみるには最適な魚である。 →7章

一度だけ食した感想では、身がぐずぐずで美味しくなかった。やはりキンギョは鑑賞に限る。

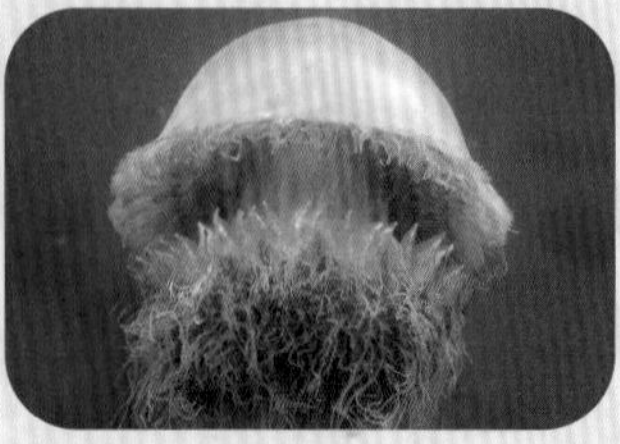

エチゼンクラゲ

Nemopilema nomurai

根口クラゲ目ビゼンクラゲ科。傘の直径が1mに達することがあり、重さは100kgを優に超える巨大なクラゲ。お世辞にも愛くるしさは感じられない。日本海では時折大量発生が起こり、漁業に甚大な被害をもたらす。加工したクラゲは食用として利用されるが、そのまま食べても美味しくはなかった。→1章

イシダイ

Oplegnathus fasciatus

スズキ目イシダイ科。磯の王様として釣り人に愛されるイシダイは魚類心理学業界では賢い魚の代表とされる。アジの実験のベースとなった先輩の研究対象種であった。イシダイの稚魚は好奇心旺盛で、海中で出会った時もダイバーに友好的な可愛い魚である。→1章

カサゴ

Sebastiscus marmoratus

スズキ目フサカサゴ科。ロックフィッシュと称されて沿岸でのルアー釣りの人気対象種。その大口で小魚たちを丸呑みにする。本書ではマダイを食べる悪役として登場するが、つぶらな目が意外とキュート。→4章

アミメハギ

Rudarius ercodes

フグ目カワハギ科。沿岸部でよくみられる小さなカワハギの仲間。おちょぼ口で突くように餌を食べるが、身体が小さいのでたくさんは食べることができない。釣りで入手するのは困難だが、水槽にも慣れやすく実験に向いている。ただ、カワハギ科の魚は気まぐれでお茶目なところが難点だ。→7章

目次

巻頭口絵……2
はじめに……15

1章 アジと始める学習実験……19
1 魚の心理学者が生まれるまで……20
2 学習とはなにか？……30
3 はじめての研究テーマ……34
4 アジを求めてクラゲと泳ぐ……37
5 繊細なマアジ、悩む研究者……47
6 成長すると賢くなるアジ……53

2章 アジの心変わり……59
1 研究者への心変わり……60
2 親アジを釣りに行こう……63
3 アジの赤ちゃん子育祈願……66
4 アジにリベンジ……74
5 大きいから賢いのではない……78
6 「とりあえずやってみよう」精神……82

3章 見て学ぶ魚たち……85
1 前人未踏(?)の研究アイデア……86
2 観察して学習する……88
3 School for Learning……90
4 アジは「いつから」見て学ぶ?……95

5 シマアジは「何」を見て学ぶ？……102
6 タイは「テレビ」を見て学ぶ？……110

4章 温室育ちの鍛え方……119

1 魚の心理学は役に立つのか……120
2 世間知らずの放流魚……123
3 浮かびがちなヒラメを矯正する……129
4 網で追いかけ、マダイを鍛える……137
5 訓練の成果はいかに……151
6 育ちがつくる魚心……154

5章 釣られてたまるか……159

1 釣り人たちは妄想する……160
2 一度釣られた魚は学習する……164

3　魚は仕掛けを見極める……172
4　魚が釣られたくない理由……177
5　釣られる仲間を見て学ぶ……182
6　釣り人と魚の駆け引き……186

6章　綺麗好きなハゼ……193
1　私は掃除ができません……194
2　動物たちにとっての掃除……197
3　ハゼだって掃除する……202
4　なぜ掃除をするのか……207

7章　学習を魚に学ぶ……211
1　魚の学習実験を教育に活かせないか……212
2　学習を学ぶ……215

3　一日でできる魚の輪くぐり学習……216
4　高校生が挑む魚の学習実験……227
5　サッカーするキンギョ……233
6　君にもできる学習実験……241

Column 1　魚類心理学とは……29
Column 2　飼育現場というフィールド……73
Column 3　連合か？　認知か？……117
Column 4　マダイのノスタルジー……149
Column 5　エビだって学習します……157
Column 6　宙を泳ぐキンギョ……239
Column 7　魚の心を探る意義……243

おわりに……245
著者のおすすめ読書案内……257
引用文献……261
索引……263

はじめに

世の中には動物研究者が書いた魅力的な本がたくさんある。それらは、普段目にすることのない動物たちの世界や研究者のフィールドでの過酷な体験を見せてくれることだろう。この新・動物記シリーズの多くからも、野生の動物たちが見せる驚くべき生き様や、フィールド研究者たちの面白おかしいドラマを垣間見ることができる。だが、この本は、珍しい生き物やフィールド研究の様子を伝える伝記ではない。というのも、私の研究は身近な魚を対象とした、室内実験での魚の心理学だからだ。

みなさんは、「魚の心」について考えたことはあるだろうか？　おそらく、ほとんどの方はそんなことを意識したこともないだろう。実際に、「魚の心理学を研究している」と言うと、多くの方はきまって「魚に心なんてあるの？」と、しばしば少し笑いながらいう。サルやイヌ、ネコなどの哺乳類に心があると感じる人は一定数はいるだろうが、下等な脊椎動物と捉えられがちな魚は気持ちや感情といったものはもたないと考えるだろう。

だが、魚もいろいろなことを覚えたり、心変わりしたり、まるで「ヒトの心のようなもの」をもっているような様子を見せることがある。たとえば、水槽に「物」を落とすと、魚たちは急に素早い動きを見せて、その後しばらく隅でじっとするといった、怯えるような振る舞いをする。そして、

物陰に隠れる魚

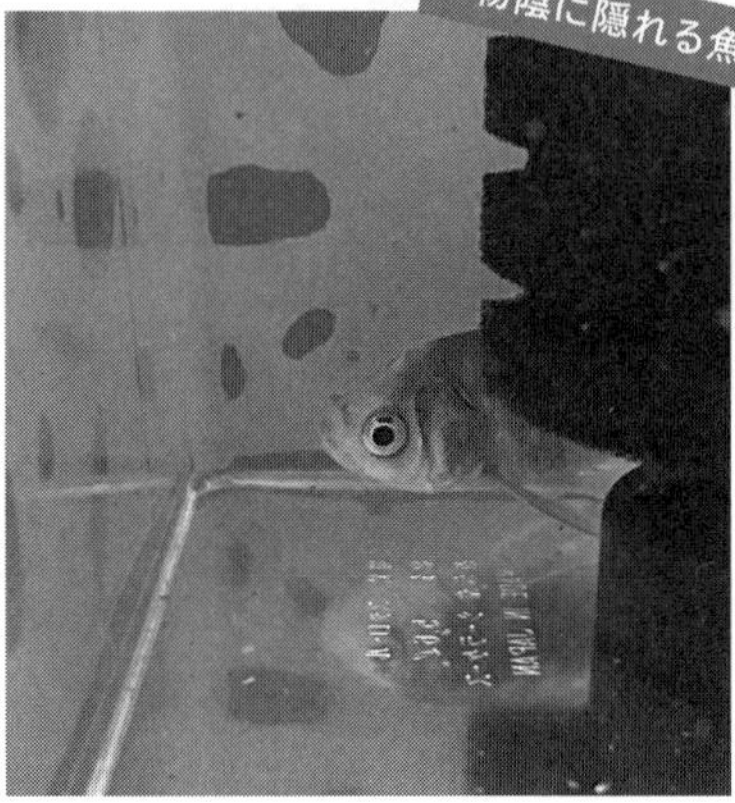

驚いた魚は怯えるような様子を見せる。このような振る舞いを見ると魚に心があるように感じられて仕方ない。

毎日エサをあげていると、飼い主が近づくと水面まで上がってくるようになり、その様子は、「エサくれ、エサくれ」と飼い主にせっついているように見える。魚のこういった行動を目にすると、「魚もヒトのような心をもっているんじゃないか？」と感じざるをえない。本書では、私がおこなってきた魚の心理学の研究から、「魚に心があるのか？」という問いについて、皆さんが考えるきっかけを提供したい。

魚の心を探る研究といっても、なにも難しいことではない。やることは「行動の観察」である。ヒトは、「自分に心がある」と疑いなく感じており、それは自分に限らず、周りの人であっても同じように考えるだろう。たとえば、普段と比べてそっけない態度をとる彼女を見たら、「あれ、何か怒っているのかな……」と感じるし、おもちゃをもらってはしゃぐ子供を見たら、「おもちゃが気に入って、喜んでいるんだな！」と感じ、そこに心を見るのではないだろうか。つまり、私たちヒトは、他者の振る舞い（＝行動）を見て、相手がどのように感じているか、どう考えているかを想像しているのである。この心の想像は、言葉や文字を使えない幼児にもある程度の精度をもって適用できるし、長年連れ添ってきたペットであれば、イヌやネコの心もわかるという人もいるかと思う。同じように行動を見ることで魚の心を推測することができるのだ。

私の研究スタイルは、水槽の中に魚を入れて、餌をあげたり、釣ったり、網で追いかけたりして、その様子を観察することに尽きる。こんな風に書くと、ただ魚を飼っているだけに感じられるかもしれないが、実際にそうなのだから仕方ない。ある時、よその大学の先生が私の所属研究室の見学にきたとき、ちょうど私は実験をしていた。その様子を見た先生は、「なんだか魚と遊んでいるみたいだね」と話していた。水槽の魚と戯れていることは確かなので、「遊んでいる」という表現はあながち間違いではない。ただ、本人はいたって真剣ではある。

私には「餌をくれ」という魚の声が聞こえる。
〈動画URL〉
https://youtube.com/shorts/PKK54gZ-qCo

この本では、そんな遊びのような魚類心理学の研究から、魚の心を覗いていきたい。1章・2章では、食卓で馴染み深いアジの学習能力について紹介する。アジも学習をし、その能力が成長に伴い変化していくという話である。3章では、魚たちが他の魚を観察して学習するという研究を紹介する。ヒトのように魚も相手の行動を見て、覚えることができるのである。4章は、生活環境に応じて心変わりするヒラメとタイの話だ。魚の飼い方一つで、温室育ちの飼育魚がタフになる。5章は、釣りに対する魚の心理の話をしよう。釣りの人気ターゲットであるタイを使って、「魚が釣りの仕掛けをどう捉えているのか」といった釣り人の疑問にお答えしたい。6章は、掃除が苦手な著者が調べたハゼの掃除行動の研究である。掃除をする魚の行動から、掃除することの意義やその心理について考えていこう。最後の7章では、魚の学習実験のやり方を伝授する。簡単な学習実験のやり方を通じて、みなさんを魚類心理学に誘いたい。

さて、はじめに書いた通り、この本の主役は、変わった姿をした面白い魚や珍しい魚ではなく、アジやタイ、キンギョといった、食卓に並ぶ魚やペットとして飼われている魚たちだ。私たちの生活に身近な魚たちが、ヒトの心のようなものをもっているかもしれない——そんな話を通して、身近な魚をもっと身近に感じていただくことができれば幸いである。

間近で見ると愛嬌のある顔つきをしている魚たち。やはりあまり賢そうには見えない。

1章

アジと始める学習実験

1 魚の心理学者が生まれるまで

研究者とは、研究することを仕事とする人たちだ。世間のイメージでは、頭が良くて、なんでも知っているすごい人という印象があるかもしれない。たしかに、私の周りにいる研究者達は、とても博識で、頭の回転が異常に速く、あっと驚くようなアイデアを次々生み出す発想力をもっている。しかし、少なくとも魚の心理学者である私は、大した知識もないし、特別に頭のキレが良いわけでもない。そんな私がなぜ研究者になったのか、その生い立ちから、まずお話ししよう。

私は、幼少期を神奈川県の川崎市で過ごした。当時から生き物が大好きな子供で、毎日のように外に飛び出しては、生き物採集や観察にあけくれていた。幼稚園児の時は、アリの巣をずっと見ていて足が痺れて動けなくなって泣き叫んでいたらしい。生き物全般が好きだったが、その頃は特に恐竜が大好きで、ページが剥がれてボロボロになった恐竜の図鑑をどこに行く時も持ち歩いていた記憶がある。

小学二年生の時、それまで住んでいた父親の社宅から出ることになり、神奈川県の三浦半島に引っ越した。三浦半島は、東京湾と相模湾に挟まれたというか、その二つをわける半島だ。都心からも近いことから海遊びや魚介の産地として有名な場所である。海に囲まれた土地へと引っ越すのに合わせて、両親が私に魚の図鑑を買い与えてくれた。新しい図鑑を手にした当時の私は、たちまち恐竜から魚へと愛が移り、図鑑が同じようにボロボロになるのに時間はかからなかった。思い返すと、昔から好きなものにはまると、肌身離さずそばに置いておきたい性分だったようだ。

小学三年生の時、海辺から一〇〇メートルくらいのところに住んでいる友達ができた。彼はいわゆるガキ大将で、とてもイタズラ好きなやつであった。当時はわりと優等生であった私とは大分違うタイプだったが、とてもウマがあって、毎日のように海で魚とりをしたり、釣りをしたりして遊ぶようになった。漁師の孫であった彼は、とりわけ海遊びがとても上手で海のことならなんでも詳しかった。当時の私は、一〇分で魚の名前をいくつ書けるかを一人で競っていたりしていたくらい（二〇〇種類以上は書けたと記憶している）の魚好きで、そこらへんの大人よりもはるかに魚に詳しいと自負していたが、彼の知識はそういう表面的なものではなく、いうなれば「魚目線」の知識だった。

そんな彼の印象的なエピソードがある。ある時、堤防で一緒に釣りをしていたら、彼が「あそこにヒラメがいるだろ」と言った。堤防は水面から一メートル以上離れていて、水深も三メートルくらいあるので砂に潜っているヒラメが見えるはずがない。しかし、彼がひょいと石を落とすと、砂の中からヒラメが泳ぎ出したのである。彼はケタケタとイタズラな笑みをうかべていたが、普段から図鑑を見て魚のことを知った気になっていた私には、この出来事はとても衝撃的だった。好きなものを見るときは一方向だけでなく様々な観点から見ることが大切なのだということを、このときに学んだ。彼は明らかに私よりも生き物を見る目が優れていたが、敗北感よりも彼が自分とは違う視

海面からみた海の中
よくみると写真の中央に魚(アカオビシマハゼ)がいるのがわかるだろうか。砂に潜っているヒラメを見つけ出すのは、これに比べようもないくらい難しい。

点をもっていることが嬉しくて、その後もずっと仲の良い遊び友達であった。

普段から釣りや磯採集をして魚と遊んでいると、もっと彼らを間近に見たくなってくるものである。そこで、親にねだって大きめのプラケースとブクブク（エアレーション）を買ってもらい、釣りや磯採集で捕まえた魚を家に持ち帰って飼育するようになった。飼育していた生き物は二〇種以上はいて、なかなかのボリュームであった。小学四年生の自由研究では、飼育している魚の生活を記録して「高橋水族館」の図鑑を作ったりもした。そんな魚との触れ合いを重ねていると、魚たちの様子からしばしば気づくこともあった。たとえば、海でつかまえてきた魚は、水槽に入れられるとしばらくは、人工の餌を食べることがない。しかし、しばらく飼っていると、それも食べるようになり、そのうちに餌がなくても私の方に近づいて餌をねだるような仕草を見せるようになった。この仕草は、子供ながらに見ていてとても可愛らしいものだった。魚は冷血な生き物として捉えられることが多く、魚を飼うまでは私も同じように考えていたが、イヌやネコなどのペットのように、私に寄り添う魚の姿はとても愛嬌があり、私は自然と魚の振る舞いに興味をもつようになっていった。また同時に、水槽の中の魚は何を考えて生きているのだろう、という疑問を抱くようにもなった。その時の私にとって魚は、水の中の友達であり、さまざまな疑問をもたせてくれる先生のようでもあった。魚の研究者にあこがれるようになったのは、その頃からだったのかもしれない。

その後、中学・高校と進学していく中でも、魚に対する興味は尽きなかった。同じ趣味をもつ仲間たちと連日海に繰り出し、年中魚釣りをして、夏は素潜りなどを楽しみつつ、常に魚がそばにいるような中学生時代を過ごしてきた。特に、その当時の仲間で集まって海で遊ぶ「夜通し」というイベントは楽しかった。名前の通り、一晩中海辺に佇み釣りをするだけなのだが、仲間たちとくだらない話で盛り上がる思春期時代は、まるで映画「スタンドバイミー」のような趣があった。そして、高校に進学する時にはすでに「魚の研究者になる」ための道を歩もうと考えていた。高校の友人たちの多くは文系志望だったが、私はもちろん魚に関係のある大学に進もうと決意をしていた。高校一年の時には、水産学部のある東京水産大学（現 東京海洋大学）のオープンキャンパスにも単身乗り込んだりもしていた。

一年の浪人の末、望み通り東京水産大学に進学した。やはり日本有数の水産学の大学だけあって、そこには魚や海が好きな学生がたくさんいた。特に仲良く連れ立っていた連中とは、国内外の海に出向いて、素潜りや釣りを楽しんだものである。ただ、子供の頃から海に親しんできた私は、その中でも「海遊び」のスキルは高かったと自負している。一緒に行った友人にも、「お前は海だと三倍カッコよく見えるな」といわれたものである。

大学三年にもなると、将来が不安になってくる時期である。それに合わせて周りの友人たちは、将来を見据えて当然のように、就職活動を始めるようになっていた。一方で、当時の私はそこまで深く考えてはおらず、とにかく魚の研究をしてみたいという気持ちで、とりあえず大学院に進んでみようと考えていた。大学三年も終わる三月の頃、就職活動に勤しむ周りに触発されて遅ればせながら将来のことに意識を向けはじめた私は、これから研究者を目指すために「自分はどういうことを

大学生時代は夏休みになると仲間と一緒に海遊びに明け暮れていた(左が著者)。

したいのか」を考えてみることにした。大学で学んでいた講義では、もちろん魚の研究がたくさん紹介されていた。魚の遺伝子から養殖に適した魚を選抜育種する分子生物学的な研究や、魚の体内で生じるホルモン動態を見る生理学的な研究など、様々な研究分野があることは知っていたが、賢くなかった私はこうしたミクロな研究は直感的に理解するのが難しく、あまり興味がわかなかった。また、水産学部で学ぶ研究の多くは増養殖や漁業といった水産学への貢献を目指すものであり、私の思う研究とは違うらしいということも感じはじめた。改めて、大学に進んだ動機を思い返してみることにした。

そもそも私が魚を好きになったのは、釣りや飼育を通じて、魚の振る舞いに興味や疑問をもつようになったことだ。魚と間近に遊んできた自分の興味は「魚という生き物の振る舞い」、つまり「行動」というところにあるのだと気づいた。魚という「生き物」の生きている姿を肉眼で見て、「魚の気持ち」を理解したかったのである。

そこでとりあえず、日本で魚の行動を研究している人はどういうことをしているのかを調べてみることにした。便利な世の中で、インターネットで検索すれば大体の情報は手に入る。ぽちぽちと大学のホームページを見ていると、世の中には魚の行動を研究している研究者がたくさんいるようだ。そんな中、京都大学の舞鶴水産実験所のホームページにたどりついた私は、その研究室の紹介ページの中の「魚類心理学」という単語にふと目をとめた。説明には、「魚の行動や生態に関する諸々の疑問を実験心理学的な手法で解決してゆく研究」と書かれていた。これを読んだ時、私の魚に対する興味の根源は、「魚がなにを考えているのか」、つまり魚の心理にあるのだと気付いた。これこそまさに私がやりたいものではないか。普段はあまり積極的でない私だったが、その時はとても興奮してすぐに先方へメールを送り、研究室を訪問することとなった。

舞鶴水産実験所は京都府の北部にあり、日本海に面した臨海施設である。当時住んでいた神奈川から京都まで、新幹線を使えば二時間ほどの距離だが、青春18切符の鈍行を乗り継いで、印刷したホームページの資料を読みながら、のんびりと向かう。お金はなくても時間だけはある暇な大学生の特権だ。ただ、京都大学の遠隔地施設である舞鶴水産実験所は、京都駅からも二時間ほどかかる位置にあったため、移動だけで一〇時間ほどかけてようやく待ち合わせの東舞鶴駅に到着した。到着した駅は、ローカル線の閑静な駅であったためほとんど利用者もいなかったが、ホームを抜けた先に、日差しも強くないのに黒いサングラスをかけてマスクをつけた不審な人物が一人立っていた。素通りしようとしたところ、その不審者が声をかけてきた。その人物こそ、私が連絡をしていた魚類心理学の創始者の益田玲爾先生だったのである。のちに、重度の花粉症のため春先はマスクとサングラスが外せないことが判明したのだが、この瞬間少し後悔したのはここだけの話である。

益田先生の車で実験所まで連れて行ってもらい、さっそく飼育施設を見学させてもらった。施設は海に面しているため、採集や調査のできるフィールドまで徒歩ゼロ秒である。また、飼育施設は、蛇口をひねれば汲み上げた海水を出せるため、常に新鮮な海水環境での魚の飼育が可能だ。魚の研究にはとても恵まれた環境と言える。海に親しみながら育ってきた私だったが、ここまで海が身近な場所に拠点をおいたことがなかったため、こんな良いところで研究ができるのか、と強烈に魅せられた。

舞鶴水産実験所の飼育棟では蛇口をひねると海水やエアレーションが出るようになっている。

することができる。こういった情報は、魚類の生態の理解や、魚の生活に合わせた環境保全対策の立案に役立てられるかもしれない。

さらに、魚の心を知ることはヒトの心の理解にもつながる。魚はヒトと同じ脊椎動物である。ヒトと共通した心理を魚がもっているとすると、その心理はどのようなメカニズムなのか、その心理をもつことが生活にどのように役立つのか、といったことを魚を使って調べることができるのだ。魚の心理の研究は、「ヒトの心の原理はどうなっているのか」、「ヒトのもつ心がどのように進化してきたのか」、といった問いにヒントを与える可能性を秘めているのである。

一方で、ヒトと違う生き方をしてきた魚は、ヒトとまったく異なる心理をもっている可能性もある。生き物が備える形質(外見や能力など生まれつき持っている特徴のようなもの)は、それぞれが生き残るため、繁殖していくために必要なものが進化していくと考えられている。ヒトにとって大して重要でない心理も、魚の生活にとって必要なものであれば、ヒト以上に高度に発達した心理をもつ可能性も十分にある。そのことを知れば、一般的にヒトより知能が劣ると考えられがちな魚を見直すきっかけになることだろう。

Column 1

魚類心理学とは

「魚類心理学」は、私の大学院時代の師匠である京都大学フィールド科学教育研究センター舞鶴水産実験所所長の益田玲爾教授が立ち上げた学問だ。魚類の認知能力や行動について、実験心理学的な手法で明らかにすることを目的とした分野であり、魚の行動を観察して、魚が好きなものを調べたり魚の性格を調べたりする、まるで遊びのような学問だ。しかし、魚の心を知ることは科学としてさまざまなことに役立つ可能性がある。

たとえば、魚が好きな餌がわかれば、効率よく飼うことができるし、魚の嫌がることがわかれば、彼らのストレスを減らすこともできるかもしれない。また、魚の性格を知ることができれば、個性に合わせた飼い方や獲り方を考えることも可能だ。こういった魚の心(のようなもの)がわかれば、養殖において効率的に魚を育てたり、漁業においてたくさん魚を獲ったりする技術に応用できる可能性がある。

もう少し広い視野で見てみると、魚の行動パターンや心理を知ることは、野生の魚の生態を理解することにつながる。魚たちが学習する心理をもっていることがわかれば、彼らが生活に応じて行動を変えているということが予測できるし、魚がどんな場所が好きなのかということがわかれば魚の生息場所を推定その後、益田先生と昼食をとりながら先生の研究の話を聞かせてもらった。先生の研究は、魚の行動研究に憧れていた私にとってやはり魅力的なものだった。たとえば、毎月欠かさず野外で潜水調査をして、四季折々の魚類相から魚の生活を覗く研究であったり[1]、クラゲに寄りつく魚の行動観察からその心理を探ったりと[2]、まさに魚類の心理学と言うべきものばかりであった。その中ででた話題の一つに、魚の「学習」があった。魚も学習するということは、聞いたことはあったが、それを研究にできるのだととても衝撃を受けたものだ。その話の中で、私自身が小学生の頃に水槽で見ていたペットのように魚が近づいてくる行動を思い出し、これが「学習」であるということに気づき、なんだかワクワクしてきた。この「魚の学習」というワードは私の心を惹きつけ、その後私の生涯の研究テーマになるのであった。

2 学習とはなにか?

少し話が脱線するが、この本の中核となる「学習」という言葉を説明しよう。「そんなことわかってるよ、勉強することだろ」と感じるかもしれない。たしかに、一般的に学習という言葉は、勉強をして知識を得る学びや学校での教育を意識した使われ方をしている。辞書でも、「学問・技術などをまなびならうこと」（デジタル大辞泉）という説明が一番上にくるくらいだ。おそらく一〇〇人いたら九五人はこの説明で納得するだろう。

しかし、生物学（特に動物心理学や生理学）では、学習とは「経験による永続的な行動の変化」のことである。[3] もっとわかりやすい説明をすると、「なにかをすることで、対処の仕方が変わる」ということだ。この学習について、ヒトの生活で見られる現象から考えてみよう。たとえば、一度犬に噛まれる経験をした子供が犬になかなか近づかなくなる、というのは学習である。また、親戚の叔父さんからお小遣いをもらうという経験をすることで、叔父さんが遊びに来ると近寄るようになる、これも学習だ。ヒトの物事に対する「心」のようなものが学習によって変わることがあるのである。赤信号で道路を渡って車に轢かれそうになったから赤信号では道路を渡らないようにしたり、コーンポタージュ味のアイスを食べたら予想に反して美味しかったのでまた買うようになる、といった知識の習得も、その結果で行動が変わる（あるいは行動を変えるきっかけとなる）ため学習である。つまり、勉強することや教育されること以上に、もっとずっと根本的なことで、学習はヒトの生活の中でごく当たり前に起きている。

学習の研究は、主に心理学の研究分野で扱われてきた。「学習の研究がなぜ心に関係するの？」と思われる方もいるかもしれないが、実は心ができていく過程において学習はとても重要なのだ。先ほどの例で考えてみると、犬に噛まれるという嫌な経験をすると犬に対して怖いという感情をもつよ

身近に見られる動物の学習

イヌが「お手」などの芸を覚えるのは身近に見られる動物の学習である。意外とさまざまな場面で動物の学習はあるので、ぜひ探してみてほしい。

うになる。叔父さんからお小遣いをもらうというい経験をすると叔父さんに対して好意をもつようになる。このように、ヒトの心は意識しないうちに学習によって作られていっているのだと言える。そして、学習は生活をする上でとても重要な意義がある。たとえば、イヌが怖いものという学習をすれば、イヌに近づかなくなり噛まれる危険がなくなるだろう。叔父さんに好意をもつようになって近づくようになれば、お小遣いをもらえるチャンスが増える。つまり、学習はヒトが生活していくために必要な心をもつようになるために重要な心理現象なのである。

　この学習という心理現象は、高度なものだという印象があるのではないだろうか。なかには、学習はヒトしかできないヒト独自の心理と考える人もいるかもしれない。だが、学習は様々な動物でみられる。たとえば、公園で遊んでいるとハトが近づいてくることがあるが、これはハトが以前公園に来ていた他の人からエサをもらった経験をして、「あの生き物（ヒト）はエサをくれるもの」と学習した結果だと考えられる。ペットを飼ったことのある人では、たとえばイヌがお手をしたらエサをもらえたからお手をするようになったり、洗濯物におしっこをして怒られたから洗濯物におしっこをしなくなったりする、いわゆる「しつけ」も学習による行動の変化だ。脊椎動物だけではなく、無脊椎動物でも学習することが報告されている。ハチのような昆虫も、ボールをゴールにもっていけばエサをもらえるという経験をするとボールを運ぶように学習するし、ごく小さな*Caenorhabditis elegans*というセンチュウ（体長一ミリメートル程度）も学習するといわれている。学習は、ヒトだけでなく動物たちが生きていくために、適切な行動や情報を習得するのに役立っているのだ。

そしてもちろん、魚も学習する。それも、みなさんが想像する以上にいろいろなことを学習できることが多くの研究から明らかにされているのである[4]。たとえば、危険な外敵の姿や匂いを覚えたり、食べられる餌や食べ方を覚えるといったこともある。より高度な例では、餌が与えられる場所と時間の関係を覚えたり、「あのオスは強い」というような異性の質を学習することもできたりする。魚の学習の例はまだまだたくさんあるのだが、あまりここで説明すると、この後の私の研究が霞んでしまいそうなのでこのくらいにとどめておこう。とりあえず言えるのは、魚もヒトと同じように学習する能力をもっているということだ。

魚の学習について研究するということは、魚の心を探る一つの方法である。魚たちが、物事をどのように捉えているのか、また経験を積むことで捉えかたがどのように変わるのかといったことがわかれば、彼らがどのように感じ、考えているのかを推測できるようになるだろう。また、学習というのは先に説明した通り、生きていくために必要な心理現象である。彼らがどのような学習能力をもっているのかを探ることは、彼らの生き残る能力を評価することにもつながる。

3 はじめての研究テーマ

では、研究の方に話を戻そう。実験所の見学に行った翌年、無事京都大学の大学院入試に受かり（正確には一度落ちて、後期募集でひっかかったのだが）、単身実験所に移ることとなった。大学院に進学する前、私はどんな研究をすれば面白いのだろうか、と考えていた。見学に行った時から、すでに魚の学習の研究をしようと決めていたわけだが、魚の学習といってもテーマは無限にある。ただ、せっかく自分の研究をするのだから、「前人未踏のすごい研究」をしたい。面白そうなことをして、周りの人をあっと驚かせたい、その一心で、ない知恵を振り絞って考えついたネタは、「魚はテレビを見て学習することができるのか?」というものであった。これはさすがに誰も思いつかないに違いない。水槽ごしにテレビを見る魚の姿を想像し、胸を高鳴らせながら入学の準備を進めていた。

入学に先立ち、京都大学の食堂で益田先生と今後の研究について相談をする機会があった。私は、自分で考えたこのとっておきのネタを引っ提げて、自信満々に研究計画を披露した。しかし、益田先生からの提案は「それも良いんだけどさ、去年までいた学生がイシダイの学習能力を調べていて、サイズによってこれが変わるんだよ。面白いから、これをアジでやってみないか。軌道にのったら好きな研究をしてもいいし」というものだった。正直、「魚を変えてやる研究」には、少し気持ちが削がれる思いはあった。ただ、やったことのない実験でもあるので、とりあえず指導教官に従おうと思い、なにより魚の学習の研究ができるということで、そのテーマで研究を進めることとなった。今思うと、益田先生はすでに他の魚で成果が出ている研究であれば失敗しにくいという配慮で、このテーマを与えてくれたのだろう。

かくして、私が大学院修士課程ではじめて取り組む研究は、「マアジ（いわゆるアジ）の学習能力が成長に応じて変わるのか」というテーマに決定した。益田先生からも、「どうなるかわからないし、とりあえずやってみよう」というなんとも頼りになる言葉をいただいたので、深く考えずにやるしかない。研究テーマである「成長に応じた学習能力の変化」は、「学習能力の個体発生」と言い換えることができる。高校生物をとっていた方は、個体発生という言葉を聞いたことがあるかもしれない（「個体発生は系統発生を繰り返す」というフレーズに聞き覚えがある方も多いのではないだろうか）。堅苦しい言葉だが、ようは個体の成長段階に応じて学習能力が発達していく、ということである。成長に応じた学習能力の変化は、われわれヒトでも実感できるだろう。幼少期の頃は、難しいことはなかなか覚えられない。しかし、成長するにつれて、小さい頃にはわからなかったことも、わかるようになるだろう。これは、成長につれて周りの環境が複雑になっていくため、それに対応するために難しいことが覚えられるようになるのだと考えられる。私の実験は、こういったことがマアジでも起きるのかを調べることであった。

なぜマアジを使うのか、そこにはアジの生態が関わってくる。アジを含む海産魚の多くは、成長

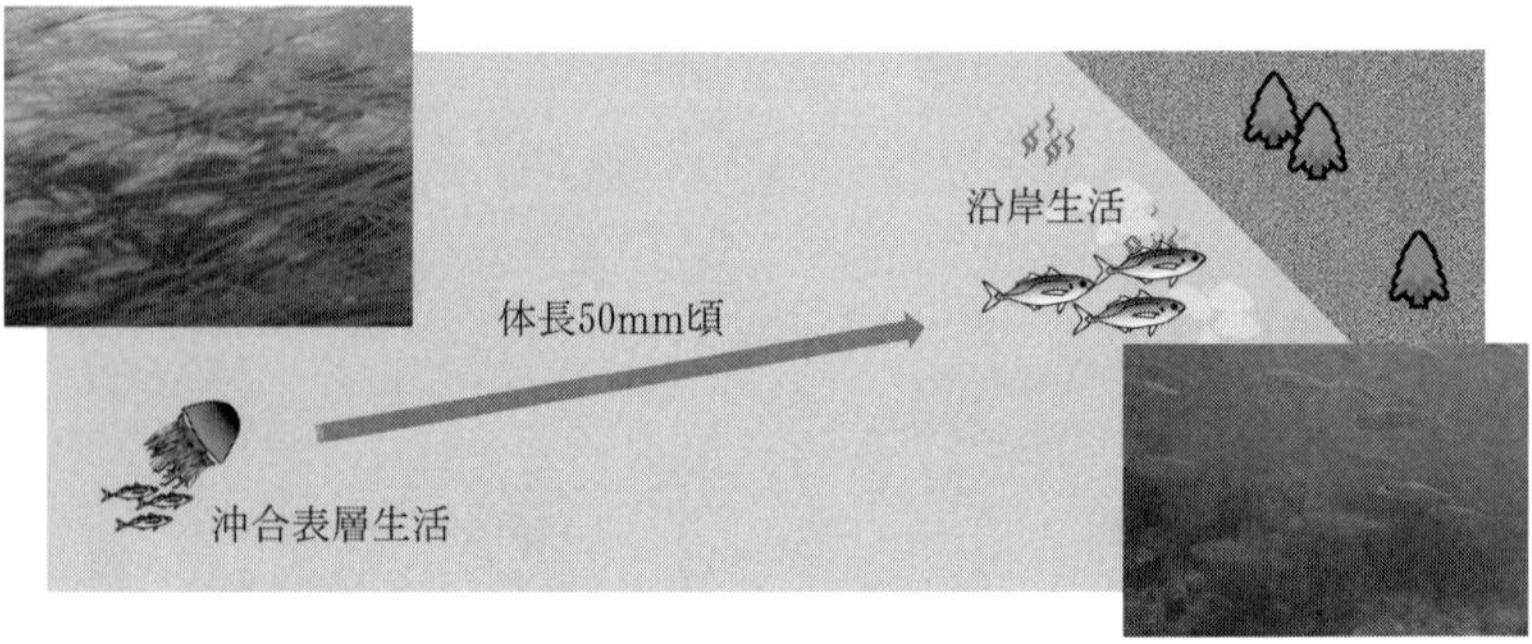

図1　稚魚期のマアジの生活史

沖合で生まれた稚魚は、大型クラゲなどに寄りつく表層生活を送る。
体長50mm頃になると、沿岸の岩礁域などに生活環境を移行すると言われている。

に応じて生活環境を変える。ここでアジの稚魚期の生活史（生まれてからの生活の流れ）を説明しよう（図1）。マアジという魚は、沖合の深場に集まり、集団産卵をするといわれている。産み出された卵は海流に流され、孵化した後も仔魚（魚の赤ちゃん）はしばらく漂流生活を送る。この時、海面近くに大型クラゲや流れ藻（沿岸でちぎれて流される海藻）などの浮標物があると、しばしばそれに付随して、そこで生活を送る。その後、漂流生活を過ごした後に、身体のサイズが五センチメートルほどになると沿岸の方に移動することが、益田先生の野外調査などから観察されている。[5] つまり、彼らの生活環境は、沖合の表層から沿岸の岩礁へと、稚魚の成長過程でガラッと変わるのである。さきほど、学習能力は魚たちが生活している環境に順応していくために重要な能力だという説明をした。そう考えると、学習能力は生活する環境中の情報が多いときにこそ重要な能力だと考えられる。沖合の表層生活では、稚魚が出会うものはほとんどないため、学習能力は重要ではないだろう。しかし、沿岸での生活になると構造物や様々な生物などを学習する機会が多くなると予想される。そう考えると、マアジの学習能力は、この生活環境の移行の時期に変化するのではないか、という仮説がうまれる。

4 アジを求めてクラゲと泳ぐ

魚の学習能力を調べるとき、そのほとんどは、水槽を使った行動実験によって学習能力を評価する。もちろん、自然の中で生活をしている彼らを観察して、学習の様子が見られればベストであるが、水の中で生活する魚たちを追い続けることは、非常に大変だ。また、自然の環境では、こちらがおこないたい操作を限定して与えることも困難であり、実験をコントロールするのも難しい。一方、水槽実験では、魚の空腹状態や外敵の状況などを実験者が望むように統制でき、再現性のある環境で行動を見ることができるという利点がある。特に、微妙な環境の変化が影響してしまう学習の実験では、水槽の魚を観察する実験が基本になる。

水槽で実験をおこなうには、魚を捕まえてこないといけない。メダカやキンギョなどの観賞魚であれば、そこらへんのペットショップでも入手できるが、生きたアジを販売している業者は少ない。

アジの学習の研究は、まず魚を捕獲するところから始まるのである。

今回の研究では成長による学習能力の変化を見ることが目的である。そのため、小さい稚魚から大きな稚魚まで、様々な大きさの稚魚を用意する必要がある。大きめサイズの稚魚の捕獲は簡単だ。釣りをしたことのある人ならわかると思うが、アジという魚は防波堤で家族がのんびり釣りをする時によく釣られる魚である。特に、実験所の近くには大きめの稚魚はいくらでもいるので、ちょっと海に出てサビキ（擬似餌が付いた複数の針がついた仕掛け）を落とすだけで、魚を手に入れることができる。実験所の桟橋で釣りに励むと、一～二時間もすれば数十匹の魚が手に入った。しかし、この方法で採れた魚の体長は七～一〇センチメートルほどである。時期にもよるが、岸から釣りをするだけでは、五センチメートルより小さい魚は全くかからないようであった。先ほど説明した通り、体長五センチメートルより小さいマアジは沖合生活をしているため、小さい稚魚を手に入れるには、やはり沖に出て採らなくてはならないのだ。

このことを益田先生に相談すると、

「地元の漁師が沖の方に定置網を仕掛けていて、そこでは小さい稚魚が獲れているらしいから、とりあえずいってみよう」

ということであった。そこでさっそく漁船に乗せてもらうようにお願いをしたところ、朝四時に港に移動して、研究室の学生とともに漁師さんの船に同乗して、定置網を設置している沖合まで連れて行ってもらうことになった。港から数十分船を走らせ、着いた先は写真でしか見たことのない漁

定置網での作業風景

2隻の船で数十名の屈強な漁師が巨大な網を曳き揚げる様子はまさに戦場である。

小型定置網でのマアジの採集

早朝に漁に出る漁船に同乗して、網揚げの前に魚をすくう。
魚のダメージを軽減するため水タモで水ごとすくう作業は、骨が折れる。

場であった。急いで魚を市場まで運ばないといけないため、二隻の船に挟まれた網を曳き揚げる現場は、まさに戦場である。屈強な漁師の怒号が響く船上で、邪魔にならないようにしながらタモを片手に網が揚がってくるのを待つ。数十人の漁師たちが声をかけあって網を引っ張り出してから十分ほどたつと水面も船上も慌ただしさが増し、同時に大量のタイやハタなどの大きな魚たちが賑やかに姿を現す。しかし、私の求めているのは五センチメートルに満たないアジの稚魚である。大きな魚に興味をそそられながらも水面に浮かぶ小アジをタモ網ですくい、バケツに移す動作を黙々とこなす。まだ日も出ていない時間に、揺れる船での作業は慣れない者にはきつく（漁師さんにとっては普通の状況でも）、船酔いでダウンする学生もいた。時間としてはものの三〇分程度ではあったが、何度かこの作業をくりかえすことで、念願のアジの稚魚をたくさん集めることができた。喧騒が過ぎ去り、港に着くと、漁師さんにお礼を言ってすぐに実験所まで戻り、水槽に魚を収容する。しかし、あらためて水槽を覗くと、そこにいるのはどれも七センチメートル以上の魚であった。結局、目当ての小さい稚魚は定置網からは採集できなかったのである。

このままでは研究ができない。いてもたってもいられなくなった私は、毎日実験所の桟橋で釣りをしてサンプリングに励んだ。しかし、小さい魚は沿岸には移動していないという文献は正しかったようで、やはり五センチメートルより小さい魚は全く採れない。釣り好きな人が見たら魅力的な日々にうつるかもしれないが、研究に必須な魚が手に入らなければ話にならない。焦りはつのるばかりだった。

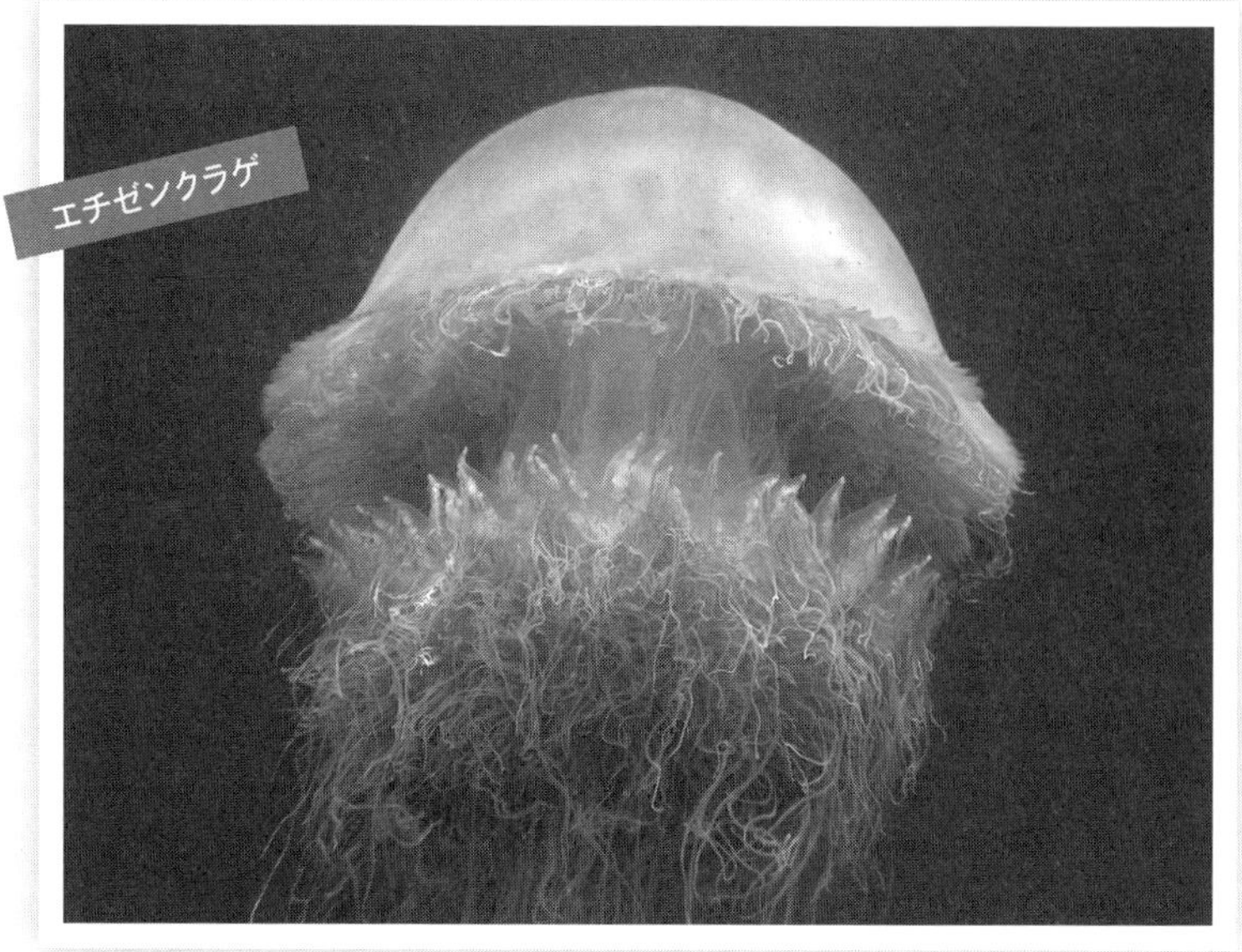

日本最大級の大型クラゲで食用クラゲとして扱われることもある。
しかし、その外観は決して食欲をそそることはない。

そんなある日、悶々としながら日々釣りに向かう私を見かねた益田先生が、またもや助け舟を出してくれた。

「小さいアジはクラゲから採れるかもしれない。俺も興味あるからとりあえずやってみよう。」

その当時、舞鶴の近くの海ではエチゼンクラゲが話題になっていた。エチゼンクラゲは、傘の大きさが直径一メートルにもおよぶ大型クラゲである。このクラゲが大発生して、漁業者の網に入り、魚を傷つけてしまうことなどから、このクラゲの研究が盛んにおこなわれていた。益田先生も、このクラゲと魚の関係について研究をしており、クラゲに小型のアジが寄りつくことを確認していた。先ほど説明した通り、マアジは小さい時に、海面を漂う物に寄りつく習性がある。クラゲに寄りついたアジなら私の実験に使うのに適したサイズであるかもしれない。やれることはなんでもするしかない状況だったのと、噂の大型クラゲを間近に見たい気持ちもあり、クラゲサンプリングに行くことに決めた。

クラゲサンプリングというのは、要はクラゲと泳いで、クラゲにつく魚を網ですくうということである。そこで、エチゼンクラゲを探す航海に出ることになった。船上から海を見渡してクラゲを探すも、沖に出てみると思いの外エチゼンクラゲが見当たらない。テレビニュースなどでも頻繁に取り上げられていたが、広い海では大した量でないのか、はたまた減少傾向にありつつあったのか、なかなか見つからない。このこと自体は、水産業界的にはもちろんいいことなのだが、実験魚を採るための最終手段であった私にとっては困った問題である。船の上で一人ジレンマに直面することになってしまった。

その後、しばらく船を走らせると、「いた!」という誰かの声があがった。海をのぞくと、海の中を悠々と泳ぐ巨大な茶色の物体が見えた。エチゼンクラゲだ。テレビで見た通り、大きい個体は傘の幅が一メートルくらいはありそうだ。その後ろには触手が一〜二メートルくらい伸びている。第一印象は、「でか!」だった。すぐさまシュノーケルをくわえると、巨体にむかって飛び込んだ。

海の中で見ると、改めてその大きさに驚かされる。しかも、クラゲから伸びている触手は紫や茶、白やらの色をしていて、その外見はこれまでに私が知っていたクラゲとは大きく違う。お世辞にも、愛嬌のある生き物とは言えない。そんな異形の生物の後方を見ると、小さな魚が触手の間を縫うよ

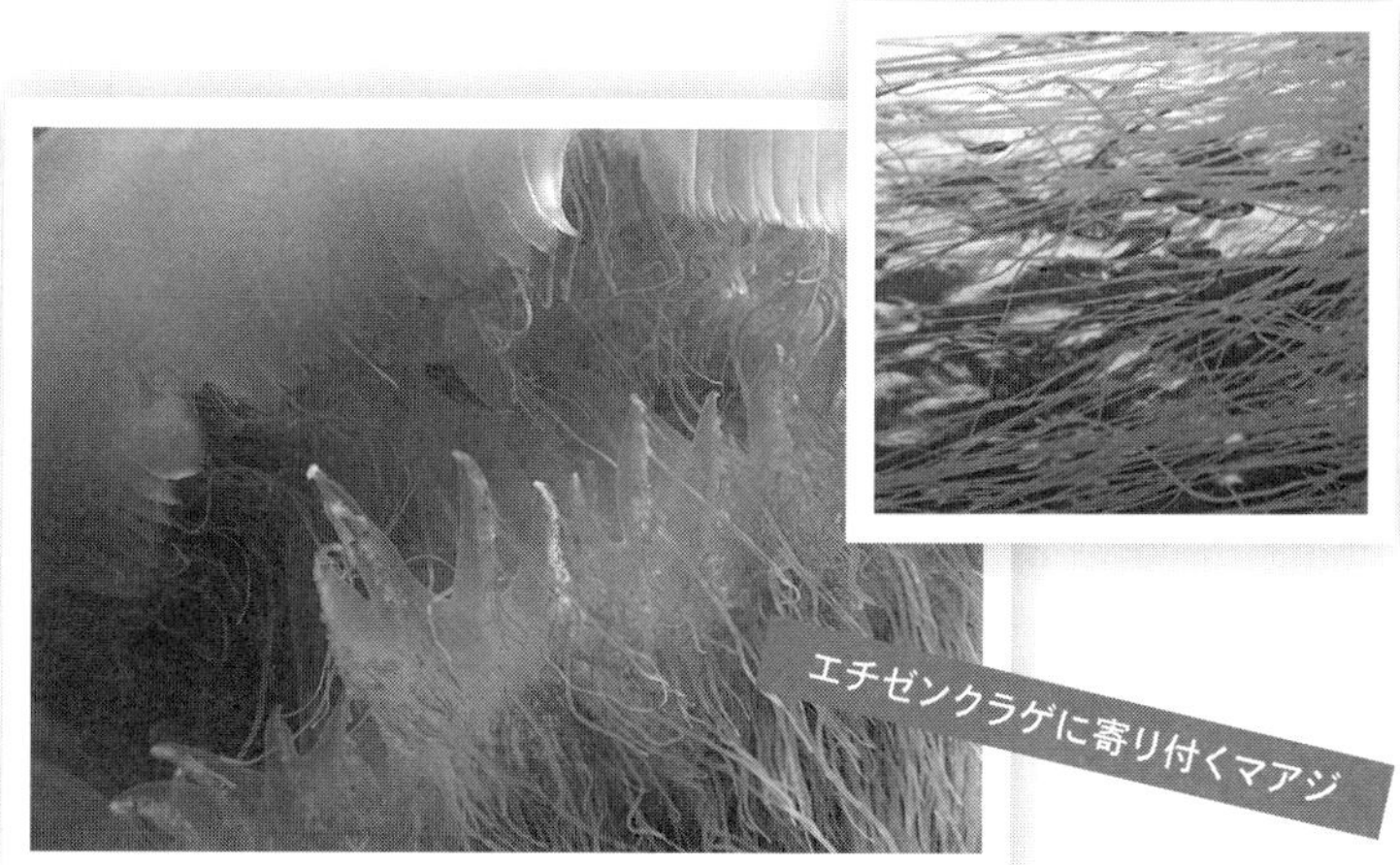

毒のある触手をもつエチゼンクラゲではあるが、稚魚の隠れ家や餌として利用されることがある。本章の主役マアジも、エチゼンクラゲの傘の中（左図）や触手の中（右図）を器用に泳ぎながら利用している。

うに泳いでいる。銀色の魚体はこれまでに何度も見てきた魚の形をしている。アジだ！　しかも、夢にまで見た大きさ一〜三センチメートルのアジが、数十匹集まって泳いでいるのである。感動と喜びのあまり、私もしばらくアジと一緒にクラゲに寄りつき、その様子を眺めていた。両手に持っていたタモ網を構えてクラゲにそっと近づくと、触手の端にいた魚たちはサッとクラゲの傘の中に隠れていった。興奮していた私は、それを追いかけてクラゲの中に手を伸ばす。と、そのとき腕に激痛が走った。驚いて目をやると、クラゲの触手が網を持った腕に絡みついている。図鑑などにはエチゼンクラゲの触手は弱毒と書いてあることが多いが、このときの痛みはそこらへんの毒クラゲと大差のない痛みである。しかしここでひるむわけにはいかない。今度はクラゲと一定の距離をとり、触手を避けながら網を魚に近づける作戦に出た。しかし、もうすこしで網が届きそうなところに来ると、アジは巧みに触手をすり抜けてクラゲの中に逃げ込んでしまう。小型のアジは、住処であるクラゲに刺されることなくうまくクラゲを利用できるようだが、初めてエチゼンクラゲと出会った私はうまくいかない。クラゲに近づくとまた触手に刺されてしまうため、こちらも深追いできず、なかなか捕獲できない。そうこうしているうちに、クラゲが深いところに潜ってしまい、私はアジを手にすることのないまま一人取り残されてしまった。

船に戻り、空のタモ網を手に呆然としていると、益田先生が戻ってきた。手に持っているタモを引き上げると、中には数十匹の小さなアジ。自分に採れなかった魚を、さも造作なく大量に採ってこられたことに驚きを隠せず、どうやったら採れるのか聞いてみると、クラゲの中に逃げ込んだ魚は、しばらくそばで待っているとまたクラゲの外に出てくる、そこを捕まえればいいのだという。しかし、この方法は、出てきた魚を見つけて追いこむ時間も考えると数分以上潜り続けないといけない計算になる。常人には真似できない離れ技だ。その後も度々痛感させられることになるのだが、じつは益田先生は異常に高い潜水能力の持ち主なのである。私はシュノーケルでの潜水作業はせいぜい一分くらいが限界なのだが、先生は一度潜ると二〜三分出てこないことは普通で、船から見ていると、潜りすぎて海中に沈んでしまったのではないかと心配になることもある。ある時は、水深一〇メートルほどの海底で、ピースして記念写真を撮っていたりもしていた。先に述べたように、益田先生は四季折々の魚類相の変化を調べるために、数十年間毎月欠かさず潜り続けている研究者だ。

採集風景

遊魚船から飛び込み、シュノーケリングで採集する。常人である私は両手の網をクラゲの触手の中に突っこんで、逃げ込んだアジを捕獲するのだが、触手には毒があるため、怪我は免れない。

もはや人よりも魚に近いのかもしれない。

ともあれ、益田先生の境地には遠く及ばない常人の私としては、自分にできるやり方を探すしかない。その後も何度かエチゼンクラゲが出てきたので、潜りながらクラゲと魚の動きを観察してみることにした。水面にいるクラゲは、魚を採ろうとして接触すると、どうやら危険を感じて逃げるように深く潜るようだ。深いところに長くいられない自分は、クラゲが浅いところから逃げる前にアジを採る必要があるということになる。また、アジの動きにも特徴が見えてきた。クラゲに付くアジの中でも小型の個体は、捕まりそうになるとほぼ確実にクラゲの中に隠れるように振る舞うのである。そのため、魚の隠れる先をなくすように、網をクラゲの奥から触手側（外側）に向けて動かすと、たくさん採れることがわかった。このやり方はエチゼンクラゲの中に自分も突っ込むやり方になるため、触手に絡まれるという弊害はあるのだが、そこはまあ我慢すれば良い。試行を重ねるうちに一度に数十匹を採れる程度になり、最終的に数百尾の小型のアジの稚魚を採集することができた。常人には常人なりのやり方があるものだ。

なお、クラゲについているアジのうちの一部の大型の個体は、体長五センチメートルを超えていた。この大きな稚魚は、網で追い込むとクラゲの中ではなく、海底のほうに逃げることが多く、あまり採れなかったのだが、後の研究で大いに活躍してくれることになる。

5 繊細なマアジ、悩む研究者

サンプリングの終わりには、私の身体は触手の攻撃によってアザだらけの満身創痍であったが（この痛みはしばらく続いて、その後一週間ほどかゆみに悩まされる）、十分な魚が採れたので、満足して帰路につくことができた。獲得したアジを実験所の水槽に入れて眺めていると、これほど小さいアジを見る機会も滅多にないので、とても愛らしい。しばらく飼育して、餌を食べるようになると、いよいよ実験にとりかかることができる。

今回の研究では、魚の学習能力を評価する方法として、「魚が餌の場所を覚える早さ」を指標とすることにした。実験の方法を、図を参考に細かく説明していこう（図2）。水槽の片側の端の中央に塩ビ板で仕切りを入れ、水槽の中に左の部屋と右の部屋を作る。英語のY字のような形になることからY迷路水槽とも呼ばれる、魚の学習実験では定番の装置だ。そして、それらの部屋がある側（Y字側）の反対側に別の塩ビ板をドアのように入れて、魚を入れておく控室を設定する。こうすることで、魚が実験の時以外はY字の部屋に入れないようになるというわけだ。

実験では、ドアを開けたら魚は水槽の中を泳ぎ回る。その時に、魚がたまたま正解の部屋に入ったら部屋の中に餌を与える。逆に、不正解の部屋に入ったときは、板で元の位置に戻して、餌を与

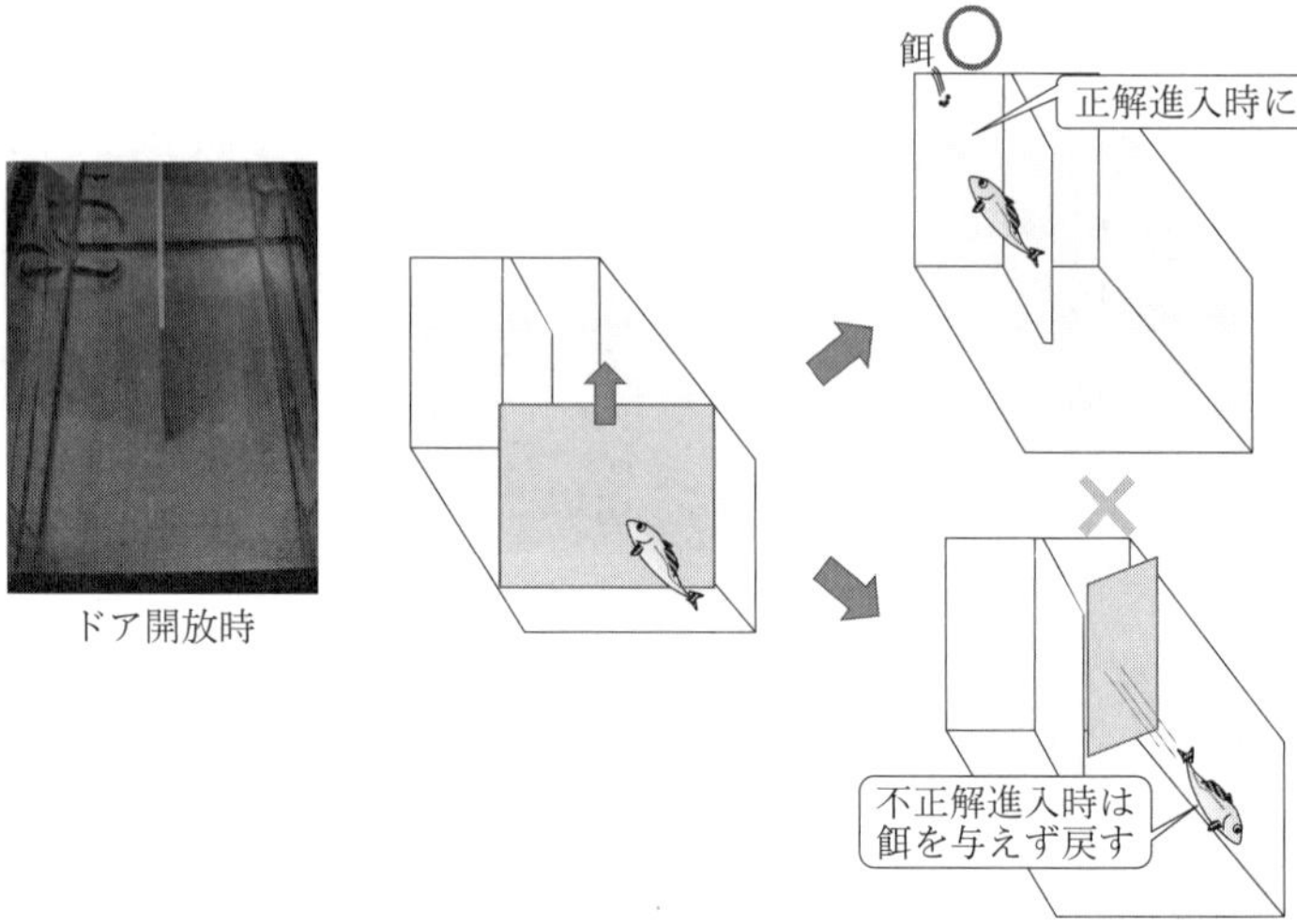

図2　マアジの学習能力を測定するY字水槽

ドアを開けて、魚が左か右の部屋に入るまで待ち、「左に入ったら餌」「右に入れば餌を与えずに元の位置に戻す」ということを繰り返す。学習すると、魚は左の部屋に入るようになる。

えない。このような操作を繰り返していると、そのうち魚は正解の部屋で餌がもらえることを覚えて、ドアが開いたらすぐに正解の部屋に入るようになる。この時に、正解の選択を学習の指標として用いる。この実験では、水槽の左右という空間を覚えることになるので、こういう学習を空間学習という。しかし、単に餌場の位置を覚えるだけではさすがに簡単すぎる。そこで、一度餌の位置を覚えた魚には、続けて餌場の左右を逆転させて学習させるようにした（図3）。つまり、はじめに左側を餌場として覚えたら、次は右を餌場として覚えさせるということだ。このような、正解と不正解を書き換える学習を逆転学習という。餌場の位置を覚えるだけではなかなか次の学習がうまくいかないため、効率的に学習するためには空間の左右をきちんと認識して学習する必要がある。そのため、この逆転学習を繰り返すことで、一つの実験水槽で、より高度な空間学習能力を評価できるというわけだ。なにやら小難しい説明になってしまったが、要は水槽の魚を観察して、魚が正解の部屋に入ったら餌をあげることを繰り返し、魚が正解を選べるようになるかを観察するだけである。

このやり方は、過去にいた先輩がイシダイの研究で採用したのと同じ方法であったため、実験に使う水槽はすでにあった。そこで、捕まえてきたアジを入れてさっそく実験してみることにした。しかし、どうも先輩から聞いていたようにはいかない。というのも、この実験ではまず魚に餌がもらえる位置を覚えさせなければならないのに、そもそもアジが餌を食べないのだ。魚の様子を観察すると、アジは実験水槽のドアで閉じ込めると、水槽の底でじっとしたり、壁に向かって泳ぎ回った

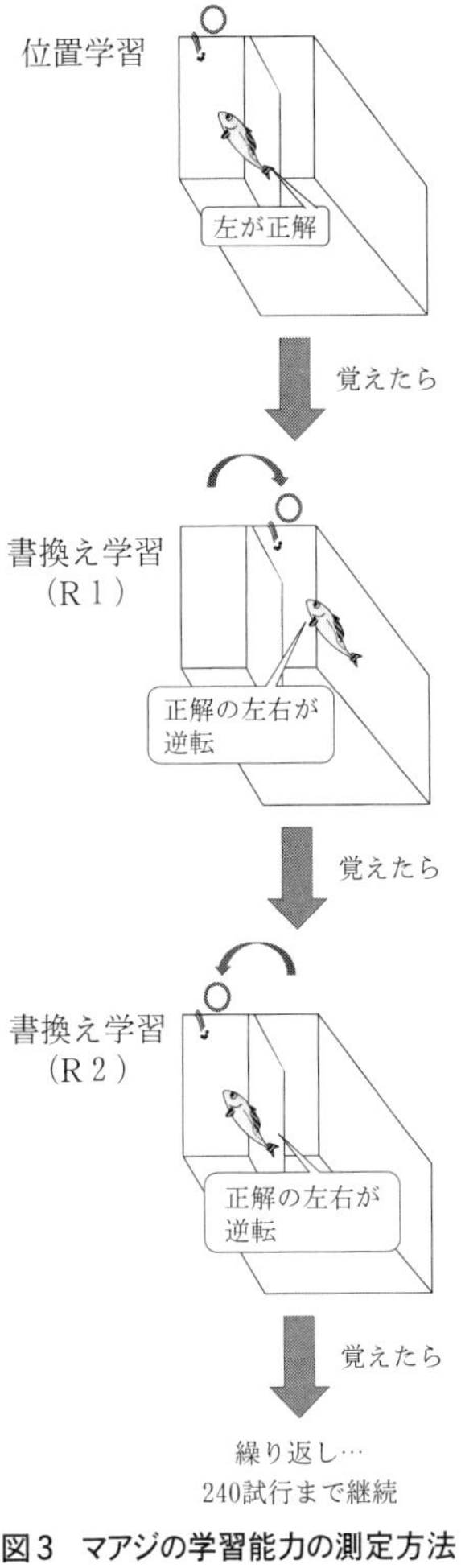

図3　マアジの学習能力の測定方法

左側に入ることを覚えた魚は、正解の位置を左から右に変える「書き換え学習」に移る。この訓練は、学習が確認され次第繰り返し行い、1個体につき240試行の訓練を行った。

りと、異常な振る舞いを見せている。一見して、怯えているようだとわかった。アジはイシダイと比べて、広いところを群れをなして泳ぎ回る習性がある。そのため、イシダイでは問題のない広さのスペースも、アジには狭く、落ち着かなくなっているのかもしれない。

そこで、アジに合わせて控え室を少し広くするべく、実験水槽のY字の部分の板を短かくしてみると、前よりもよく泳ぐ様子が見られるようになった。しかし、まだあまり餌を食べない。どうやら、私が餌を与えようと水面に手を近づけると、その時の人影に怯えているように見える。それならばということで、人影が映らないように遠く離れたところから餌を投げ入れるようにしてみたが、遠くから投げると入れる場所を外してしまったり、投げる動作に怯えるようになってしまった。そこで、離れたところからも餌を与えられるような装置を自作することにした。

近所の百円ショップに行って装置の材料に用いる下敷きとタコ糸を買い、試行錯誤した結果、糸を引いたら餌が出る装置ができた。ちゃんとした装置を買えば数千円はするだろうが、自作したおかげで総額一〇〇〇円もいかずに済んだ。この装置だと、音や動作もなく、魚を怖がらせることなく餌を与えることができる。実際に魚がいる水槽で試してみると、魚は怯えることなく餌を食べていた。我ながら、「これなら売れる（誰が買うかはさておき）」と思うほどの出来だ。しかし、どうしても怯えて食べないこともある。これは魚の性質上仕方のないことで、というのも、アジという魚は群れを作る魚で、単独でいることを好まない。一匹だけで狭い水槽に入れると、それだけで怯えてしまって餌を食べなくなるようだった。しかし、今回の実験では、魚の大きさごとの能力を調べたいので、単独（つまり一匹）の魚で実験する必要があった。複数の魚で実験すると、個体のサイズを均一にするのは難しいし、集団の実験では、他の個体の行動が影響してしまう。そのため、この問題を解決する方法はなく、これ以上は仕方ないと判断してこのまま突き進むことに決めた。

魚もそろって、装置も完成し、今度こそいよいよ実験の本格始動である。今回の実験では、小さいサイズの魚の学習能力を調べる必要があるのだが、実験が長期にわたると飼育している魚が成長してしまう。苦労して手に入れた小さな稚魚が大きくなってしまったら元も子もない。一匹の魚に何十日も時間をかけることはできないため、なるべく短期間で能力を調べる必要があった。このような事情から、五個の水槽を並べて同時に実験を進め、一匹の魚について一日に八〇回の訓練をして、それを三日繰り返すという設定にした。つまり、一日あたりうまくいけば最大四〇〇試行の学習の訓練をするということだ。通常、室内での実験というと座って実験するイメージをもたれるだろう。しかし、今回の学習実験は魚の様子を監視しつつ、正解したらすぐに餌を与える必要がある。つまり水槽のそばで動かずにじっと立ちながら魚を凝視しつづけないといけないのだ。そのため、実験期間中はほぼ毎日八時間くらい立ちっぱなしになる。

一方で、さきほど説明したとおり、アジはちょっとしたことですぐに怯えて餌を食べなくなってしまう。一度そういう状態になると、時間をおいてもその魚では実験ができなくなる。実際に実験に用いた魚の約半分は途中で怯えて実験を中断することになってしまった。立ち通しの実験をしつつも、途中で無駄になることもしばしばあり、精神的にもハードな実験であった。

修士の学生は、自分の実験だけではなくゼミ発表なども多いので、慣れないプレゼンの準備をしつつの実験は本当に大変であるし、この実験は三日のサイクルを崩せないので、間に休みを入れることもできない。もちろん土日もなく、毎日八時間の実験を繰り返さないといけない。また、実験は魚のサイズが重要なのであまり時間をかけるわけにもいかない。魚が足りなくなれば、再度クラゲサンプリングに行くこともあった。時には、アジを求めてクリスマスイブに潜るクリスマスダイブもしたことさえある（結局プレゼントにはならなかったが……）。さらに、先ほどの通り、この実験では半分近くの魚は途中で怯えて実験中断となるため、失敗も合わせると一万回くらいの訓練を重ねていただろう。ただ、とても過酷な日々ではあったが、不思議と楽しかった。これまで魚の入手などでお預けをくらっていたこともあるが、何より結果が毎日出てくるのである。実験が終わって、夜にその日のデータをパソコンに打ち込むことが嬉しくて、苦しい実験も乗り越えることができた。思えば、データを報酬とした学習が私にも成立していたのかもしれない。そんなこんなで実験をして、気づけば二ヶ月（その間、一切休まずに）に及んでいた。ようやく四〇匹の実験データをとることができたので、結果としてまとめるところにたどり着いた。これまでの私の研究者人生の中でもっとも辛く、今ではとてもできない実験である。なお、実験に使った魚は育てたのちに、感謝の気持ちとともに海に返した。

6 成長すると賢くなるアジ

過酷な実験を続けられたのにはもう一つの理由があった。実験時の魚の観察から、期待していた結果が得られそうな予感があったのだ。大きい魚も小さい魚もはじめに餌の場所を覚えるプロセスでは割とすぐに覚えることができていた。だが、餌場の左右を逆転する学習の段階になると、小さい魚はなんどもはじめに覚えた場所に突っ込んでいたのに対して、大きい魚は正解の位置が逆転すると、間違いを何度かした後に、部屋の前でうろうろするような動きを見せた。擬人的な言い方をすると、魚がまるで「悩んでいる」ように見えたのだ。そして、大きい魚は、うろうろする行動をするうちに、新しい正解の位置を選ぶようになり、比較的早く正解の場所の逆転を学習しているように見えた。ヒトでも、「正しいと思っていたことが実は違うかもしれない」と感じると躊躇する。アジの行動は、まるで「魚もヒトと同じように悩むのではないか」と思わせるものだった。この、「魚も悩むのではないか」という仮説は現時点でもまだ検証できていないのだが、こういった行動をとることがありそうだと発見した当時は、とても楽しく、そして魚が愛らしく見えた。一日中つきっきりで魚に「しつけ」をしていたためか、その当時はアジの姿が昔飼っていた愛犬に重なって、しばらくアジを食べることができなくなってしまった。

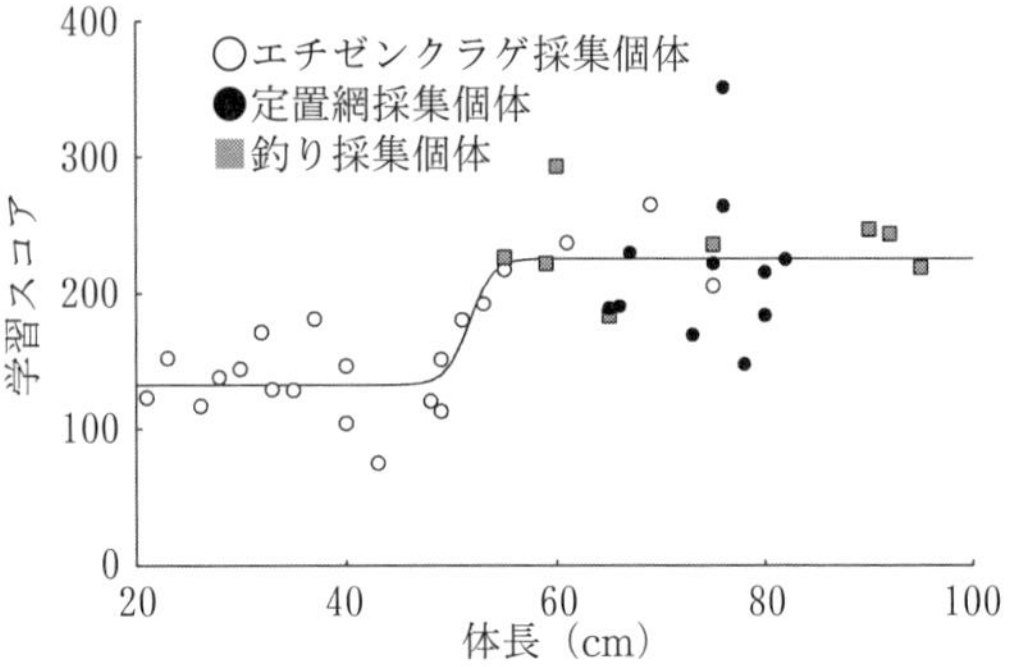

図4　マアジの空間学習における学習スコアと体長の関係

縦軸は正解の選択率を指標とした学習スコア。体長が大きくなるにつれてスコアが高くなっている。実線は、非線形回帰モデルの予測値を表しており、体長5cm頃を境にスコアが高くなっていることがわかる。Takahashi et al.（2010）[7]を改変して作成。

実験をしながら魚の行動を見ていたため大体の予想はついていたが、二ヶ月の実験の結果をまとめてみると、その成果は明らかだった。アジという魚の学習能力は成長段階（体の大きさ）で変わっていたのである（図4）。グラフを見てみると、大きい魚（右側の点）の方が小さい魚（左側の点）よりも、学習のスコアが高いのがわかる。つまり、小さい魚よりも大きい魚の方が「賢い」ということになる。ただし、大きいといっても今回用いた魚は全て未成熟サイズの稚魚つまり子供の魚であるので、たとえば少年期から青年期にかけての成長過程で学習能力が向上するということになる（何をもって少年マアジとするかは定かではないが）。

さらに細かく見てみると、学習能力はある段階から急激に向上しているように見える。統計学をかじりだした学生がよく使う回帰直線ではうまくこれを表現できない。特に、この学習スコアがどのサイズから向上しているのかを数学的に示すためには、直線でない式にあてはめる必要がある。悩んでいる時に、偶然実家の父親と話をする機会があり、このことを相談してみた。というのも、私の父は企業で働く研究者であり、数学的なことに詳しかったのである。そこで、非線形回帰曲線という数式にあてはめてみると、この急激な向上点（変曲点という）を推定できると聞き、教わりながらやってみた。すると、どうやらマアジ稚魚の学習能力は、体長が五センチメートルに達する段階で向上していそうだということがわかってきた。この体長五センチメートルというのは、私がサンプリングで苦渋を飲まされていた大きさだ。アジの生活と照らし合わせて考えてみると、マアジは体長五センチメートルになるころに沖合から沿岸へと移動する。すなわち、学習能力が向上する体長五センチメートルという数値は、沖合で生活しているか、沿岸で生活しているかという、生活環境の違いと連動していると思われる。

このことを単純に考えると、マアジはどうやら沖合に棲んでいるときは学習能力が低く、沿岸に移動してくるようになると学習能力が向上するということになる。ここで、彼らの生活環境を想像しながら考えてみよう。小さい魚が棲んでいる沖合の環境には、基本的に何も存在しない。あったとしても、クラゲなどのシンプルな構造物だけで、環境に存在する空間の情報はとても限定的だと言える。このような環境で生活する上では、複雑な空間構造を覚える必要はないと想像される。一方で、体長五センチメートルを超える魚が棲む沿岸の環境は、岩場や人工物、海藻などの様々な構造物が存在するとても複雑な空間だ。このような場所では、空間の情報を認識する必要性が高いため、沿岸生活では空間学習能力が大切であるのかもしれない。この結果が意味することは、アジの学習能力は成長に伴い高くなり、そして、この能力の向上は、生活する場所に合致しているということだ。要は、魚が、自分が今いる環境でうまく過ごしていくような、学習能力の発達機構が存在しているということだが、これは何とも面白い。

こう書くと新発見のようにも見えるが、実はこの結果は、先輩がやっていたイシダイの研究結果とほぼ同じだった。[6] 残念ながら、同様の実験方法で、魚を変えて同じ結果が見られただけなので、大して面白くもないことなのかもしれない。実験をする前には私もそのように感じていた。しかし、なんども壁にぶつかって、最終的に自分の力で成果を出せたことはとても嬉しく、貴重な経験であった。そんなデータをただ「前と同じ」で片付けてしまうのももったいない。そこで、自分の研究と先輩の研究に魚種の違い以外になにか発見がないか、深く考えてみることにした。イシダイの実験でも、マアジと同じように学習能力の変化が見られ、この変化はイシダイが沖合から沿岸に生活環境を移行するとされている成長段階と一致していた。しかし、先輩がおこなった実験で用いたイシダイは、実は卵から育てた人工孵化稚魚であった。つまり、実験魚はずっと同じ水槽の中で育っており、実際に生活環境の移行と学習能力の関係を調べてはいない。一方で、私がおこなったマアジの研究では、野外の沖合や沿岸に実際に棲んでいる魚を捕まえてきて実験をしている。そのため、マアジの生活している環境と能力の違いを比較することができるのである。先輩の研究とは違う、自分の研究のオリジナリティが見つかった。

さっそく、採集してきた環境（つまりマアジの生活していた場所）ごとに学習能力を比較してみた。すると、エチゼンクラゲから採ってきた魚（沖合生活をする魚）よりも定置網や実験所で釣りで採集した

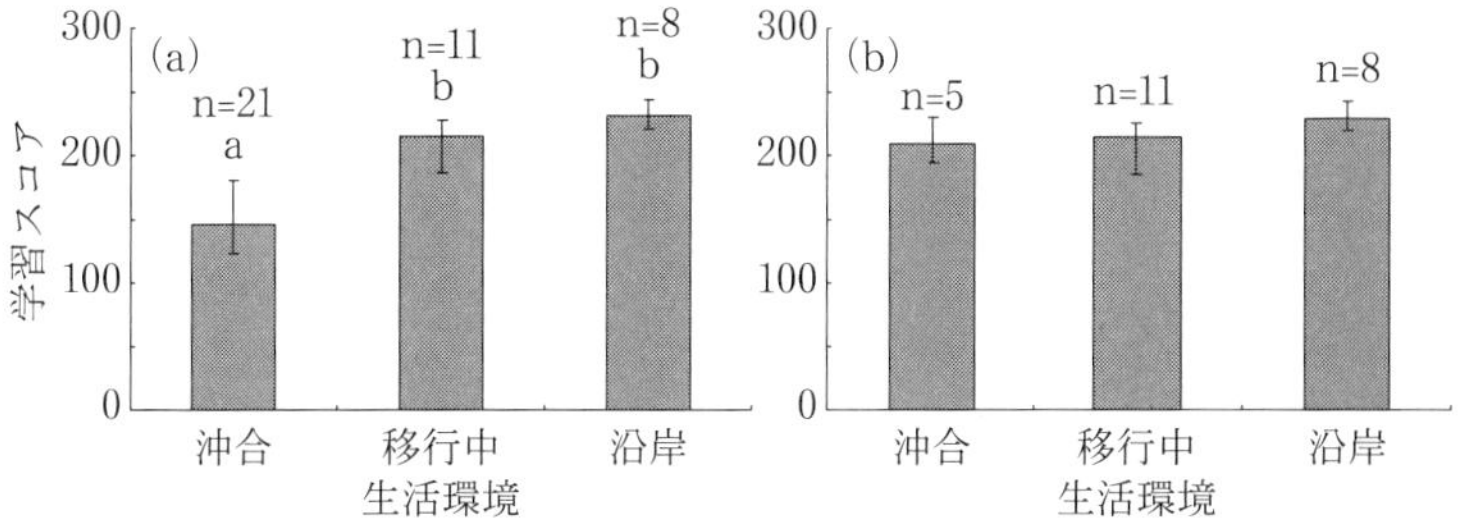

図5　マアジの空間学習における学習スコアと生息環境の関係

(a)は採集した全ての魚を含めた結果であり、沖合の個体は移行中や沿岸の個体よりもスコアが低い。しかし、体長50mm以上の個体に限定してみた(b)のグラフでは、スコアの差がなくなっており、沖合でも大きい魚は学習能力が高いことがわかる。

魚（沿岸に移行中および沿岸生活をする魚）の方が能力が高いということがわかった（図5a）。棲んでいる環境は魚の大きさで変わるのだから、この結果は当然といえば当然だが、実際に魚たちが生活している環境と彼らのもつ学習能力の関係を示せたことから、生態学的には新しい結果だと言える。これまでの研究で示されてきた学習能力の成長に応じた変化は生活環境と同調しているという仮説が証明されたとも言える。野外での大変なサンプリングのおかげである。

そして、もう少し細かく見てみるとさらに興味深い発見もあった。先ほどさらっと述べただけなのでお忘れかもしれないが、沖合のエチゼンクラゲからアジを採集していた時、クラゲに寄りついていた魚の中には、五センチメートルを超える魚も少数ながら存在していた。実験ではこの沖合の大きめの魚の能力も測定していたので、体長五センチメートル以上の魚に限定して、採集地ごとの学習能力を比較してみた。すると、沖合にいる魚でも体長五センチメートルを超えていると学習能力が沿岸の魚と同程度であることがわかったのである（図5b）。ここで、採集していたときの状況を思い返してみると、たしかに大きい魚と小さい魚では行動の違いが見られていた。小さい魚は捕まえようとするとクラゲの中に逃げ込んでいたが、大きい魚は海底の方に泳いで逃げていった。このことは、大きい魚はクラゲに寄りつきながらも、海底の環境（つまり複雑な空間が存在する場所）も意識していたのではないかと妄想させる。そう考えてみると、クラゲの中にいた大きめの魚というのは、すでに沿岸に移動することに向けた高い学習能力を備えていたのかもしれない。つまり、空間情報が複雑な沿岸環境で生活することでそれに適した学習能力を備えるようになったのではなく、学習能力が適切に発達してから沿岸へ移動し始めているのではないかということだ。この結果から、マアジが生活環境を変えるには、まず学習能力の変化が先に起こっているのではないか、という新しい仮説が生まれた。残念ながら、この仮説は今回の実験では検証できないが、今後に向けての私の研究モチベーションを大いに高めることになった。

2章

アジの心変わり

1 研究者への心変わり

ここまで紹介した研究は筆者が大学院の修士一年の間におこなったものである。大学院に入ったばかりの頃は魚の採集やら実験やらでつまずいてばかりで、この先研究をやっていける自信などまったく持てなかったが、一年かけて一通り研究をやってみたことで、自分にも研究ができたとなんとなく実感が湧いてきた。先生たちのすすめで人生初の学会発表も果たした私は、ようやく研究者の仲間入りができたと自信もつき、研究がとても楽しくなっていた。

しかし、実はここで私が選んだ道は、このまま研究者への夢を貫くというものではなく、就職活動だった。まだまだ研究をやりたい気持ちは強かったが、やはり研究者を目指すことにとても自信をもてなかったからだ。当時所属していた研究室には、優秀な先輩や同期が何人もいて、特にオリジナル京大生（京大の学部から進学した人をこう呼んで、私のような他大学から進学した外様は外部生と呼ばれていた）の知識や発想力にはとてもおよばないと劣等感を抱いていたことも要因だった。このまま研究していても自分が研究者になれる未来は全く見えなかった。大学時代の周りの友人たちがみな迷うことなく企業へと就職していたことも後押しとなり、就職活動をすることにしたのである。

就職活動では、やはり魚に関わる仕事がしたかったので、水産用飼料の会社や釣具メーカーなどを目指すことにした。二〇社くらいにエントリーシートを出したが、私が書く自己PRや志望動機は「これまで研究を頑張った」「これまでの経験を活かして御社でも研究したい」という研究に関するものばかりであった。今にして思えば当然のことだが、ほとんどの企業では書類で落ちていった。そのうち、何社か面接に呼ばれるようにはなったものの、面接官から「ウチでは魚の研究できないけど大丈夫?」と言われると、私は「はじめは無理でもいつか必ず魚の研究をします」と答え続けていた。もちろん、企業側は魚の研究などさせたいわけではないので、私が採用されることはなかった。自分なりに最大限のアピールをしていたので、なぜ受からないのか、その時は自覚がなかった。

就職活動を経験したことのある方であれば共感してもらえると思うが、面接地への移動というのはとても退屈なものである。そんな持て余した時間の中で、ある時から今の状況が落ち着いたらどんな研究をしようか、と暇さえあれば考えるようになった。当時手にしたばかりのスマートフォンに研究のアイデアをメモすることを始めてみると、移動時に暇を持て余すことはなくなったものの、研究に対する気持ちはより強くなっていった。

そんな中、某有名釣具メーカーの最終面接に呼ばれることとなった。企業の役員に囲まれながらいつも通りに「研究します」アピールをすると、「そんなに研究したいのならなぜ進学しないの?」と言われた。その問いに自分がなんと答えたのか、ハッキリ覚えていないが、その言葉はまっすぐに私の胸に突き刺さった。もはや私の中では、自分をアピールできることは「研究」のことしかなかったのだ。企業の人事の方には、それが見透かされていたのである。面接の帰りの電車の中、就活中の日課となっていた研究ネタ帳に目をやると、すでに一〇〇個ほどのアイデアが書かれていた。ネタ帳を閉じて、ふと「このネタがなくなるまでは研究してみようか」と研究者を目指すことを決意した。その後、先ほどの釣具メーカーからは、なぜか内定をいただくことができたのだが、悩むことなく内定辞退の連絡をして、博士進学を目指すことにした。余談だが、スマートフォンの研究ネタ帳はその後も継続しており、今ではそのアイデアは二〇〇〇を超えている（図6）。

図6　就活の時から始めた研究ネタ帳

就活の待ち時間の退屈を埋めるために始めたネタ帳。生活の中で浮かんだふとしたアイデアをスマートフォンのメモに入れ続けていたら、今ではそのネタは2000を超えるようになった。

2 親アジを釣りに行こう

就職活動を自己完結させた私は、漠然とした不安を抱えながらも再び研究に戻ることとなった。次の研究テーマも、引き続きアジの学習だが、次は自分でテーマから考えようと思っていた。幸い、就活中に考える時間はたっぷりあったので、次の方針は見えていた。これまでの実験では、野外から捕まえてきた魚を使っていた。一方で、アジの学習能力は沖合に棲んでいる魚でも、沿岸に移行するサイズの魚は高い能力を備えていた。このことから、「生息環境を移行していない場合にも魚の学習能力は変わるのか?」という疑問をもつようになった。これを確かめるためには、卵から一定の水槽環境で育てた魚を使って実験をしなければならない。益田先生に伝えると、

「親のアジを釣ってきたら卵が取れるかもしれない。とりあえずやってみよう」

ということになり、復帰一番の研究作業は釣り船をチャーターしたアジ釣りに決定した。

私がそもそも魚の研究をしたいと思うようになった理由の一つは、釣りが好きだったからだ。実験所にも同じような下心(?)をもった釣り好きの学生がたくさんいた。そこで、釣り船をチャーターして一〇人ほどで沖の釣り場に出かけることにした。こんなことができるのも、魚研究の醍醐味だ。同行するメンバーの専門は、川の研究や紫外線の研究など、魚とは無縁な人も多いが、さす

実験所には釣り好きの学生が多く、一声かければたくさんのメンバーが集まる。

が釣り好きの集まりなだけあって、タイやイサキなどの高級魚がバンバン釣りあがる。しかし、なぜかアジは全然かからない。サンプリングとは不思議なもので、なぜか狙った獲物がとれないことがしばしばある。はじめは楽しんで釣りをしていた私も、次第に気が気でなくなってきた。これでは本当に遊びにきただけになってしまう。日が暮れ出し、納竿の時間が迫ってきた。楽しい釣りサンプリングといえど、朝から何時間も揺れる船上で釣りを続けているため、みな疲労が見えてきて、中には船酔いでダウンする学生も出てきた。釣り船の船頭さんが、最後に移動して場所を変えよう、と言ってくれたので、それに望みをかけることになった。

五分ほど船を走らせて船頭のとっておきの魚礁で釣りをしてみると、ほどなくして竿が揺れた。ブルブル、とこれまでとは少し違うアタリである。胸を高鳴らせて釣り上げてみるとキラキラと光る魚が上がってきた。黄金色の魚体、アジだ。大きさは三〇センチをゆうに超えているが、よくスーパーでみかける姿をしている。これまで小さなアジばかりを求めてきた私には逆に新鮮でとても綺麗な魚だなぁと見惚れてしまった。群れを作る魚だけあって、そこからはバタバタとアジが釣れ出して、生け簀に次々と大きなアジが入っていく。ただ、このアジは食用ではなく、持ち帰って卵を産ませるのが本来の目的である。大きな魚を入れていると生簀の水はすぐに悪くなってしまう。魚の状態を良好に保つため、次々に釣ってくれる仲間達のかたわら、私はせっせと生け簀の水をバケツですくって、海から吸い上げた海水を入れる作業に追われた。ようやく研究ができそうだと思うと、バケツの重さも苦ではない。こうして最終的に四〇尾ほどの大きなアジを持ち帰り、無事水槽に収容することができた。

3 アジの赤ちゃん子育祈願

翌朝、実験所の大型水槽には数十匹の大きなアジが泳いでいた。キラキラと光るその魚体はなんとも美しい。喜びを噛みしめながら、次の作業に移る。魚によっては勝手に卵を産んでくれるものもいるが、アジはそんな気前の良い魚ではないので、一手間必要となる。水槽の魚を取り出して、速やかに腹腔に性腺刺激ホルモンなるものを注射して産卵を促す。このホルモンは、ヒトの排卵誘発に使われるものと同じ成分らしいが、不思議なことに魚にも使えるらしい。注射した翌朝、水槽に設置していた産卵ネットを見ると大量の卵が浮いていた。どうやら夜中に無事産卵できていたようだ。いよいよ子育ての開始である。

みなさんは魚を卵から育てたことがあるだろうか。メダカなどのように放っておいても簡単に卵を産み、勝手に育っていく魚もいるので、そういった魚を飼ったことがある人は少なくないかもしれない。しかし、アジなどの食用魚の飼育となると、経験したことがある人はほとんどいないことだろう。ここで、簡単に魚の赤ちゃん（仔魚）の育て方を説明しておこう。

食用として世間に出回る海産魚の多くは、身体に対して小さい卵をたくさん産むという特徴をもつ。そもそも、食用として頻繁に利用されるということは数が多いということであって、すなわち

釣り上げたアジの親魚たち

体長40cmを超える魚が数十匹もいるので、水槽にいれると壮観である。
普通なら食欲がそそられるのだろうが、この時の自分は研究対象としか見られなくなっていた。

卵を多く産む多産型の魚が多いのである。たくさん卵を産むには、卵一個一個のサイズは小さくせざるをえない。体長四〇センチメートルのアジの卵は一ミリメートルに届かないくらいの大きさで、体長が三センチメートルほどしかないメダカの卵よりも少し小さい。

　卵が小さいということは、もちろん生まれてくる赤ちゃん（ここからは仔魚と書く）も小さくなる。そして、体が小さいと口も相対的に小さくなるため、仔魚に与える餌も小さくしなければならない。仔魚の多くは動く餌しか食べないため、配合飼料（粉や顆粒状の人工餌でいわゆる魚の餌）は食い付きが悪い。そこで、海産魚の仔魚飼育には、一般的にワムシといわる動物プランクトンが用いられる。正確にはシオミズツボワムシ

(*Brachionus plicatilis*)という名前であり、その名の通り海水に順応した性質があるため、アジに限らず多くの海水魚の仔魚飼育に使われている。ただし、このワムシは通常の海には存在しないので、人工的に生産する必要がある。仔魚の飼育に先立ってワムシの培養をしなければならないということだ。ワムシ自体は一日で倍以上に増える生き物だが、毎日培養水槽の水換えとワムシの餌やり(二回)をしなければならない。さらに、ワムシは餌としての大きさはいいのだが、栄養価が低いという欠点がある。そこで、増やしたワムシにドコサヘキサエン酸(DHA)などの魚に必須な栄養を与えて餌の栄養強化をする。ただ、この栄養強化の効果を高めるためには、仔魚に与える数時間前に栄養剤を添加しなければならないと言われていた。体の小さな仔魚は、摂取した餌を長時間保持することができないため、栄養価の高い餌を常時食べられる状況にしないとすぐに死んでしまう。空腹にならないように、明るくなる前と昼過ぎに栄養添加した餌を毎日必ず与える必要があるのだ。つまり仔魚の飼育期間は、昼にワムシの培養をして、夜中にワムシに栄養添加して、日が出る頃に仔魚に栄養強化したワムシを与えることになる。それが終わるとすぐに仔魚の昼用の餌の準備をして、また昼過ぎにあげるという作業を、ワムシを培養しつつやることになる。これらの作業は数十から数百リットルの水槽規模でやるためとても重労働で、かつこれを休まず毎日一ヶ月近く続けることになる(飼育している仔魚のサイクルが多いと三ヶ月にもおよぶことがある)。そして、多くの海水魚の仔魚は、ふとしたことで簡単に全滅してしまう。この期間は常に魚が死んでいないか、水槽の管理や魚の状態の確認をするため、気が気ではない。仔魚の飼育期間は、毎朝六時頃の餌やりから始まり、夜

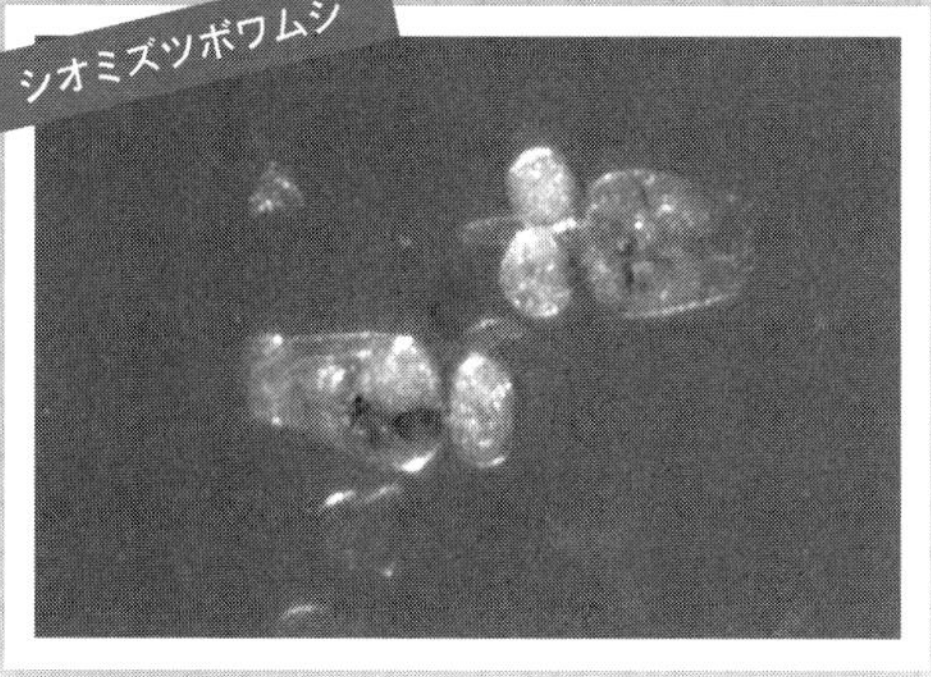

海産魚の仔魚飼育には欠かせない動物プランクトン。名前の通り、「塩水（海水の約2/3の塩分）」で生活するので水換え時には海水と淡水を調合しないといけない。

仔魚を育てるためには、餌に用いるシオミズツボワムシを培養しないといけない。ワムシの餌の匂いはきつく、作業も重労働であるため、飼育作業に疲れた学生の体力を蝕むが、健康な魚を作るために欠かすことはできない。

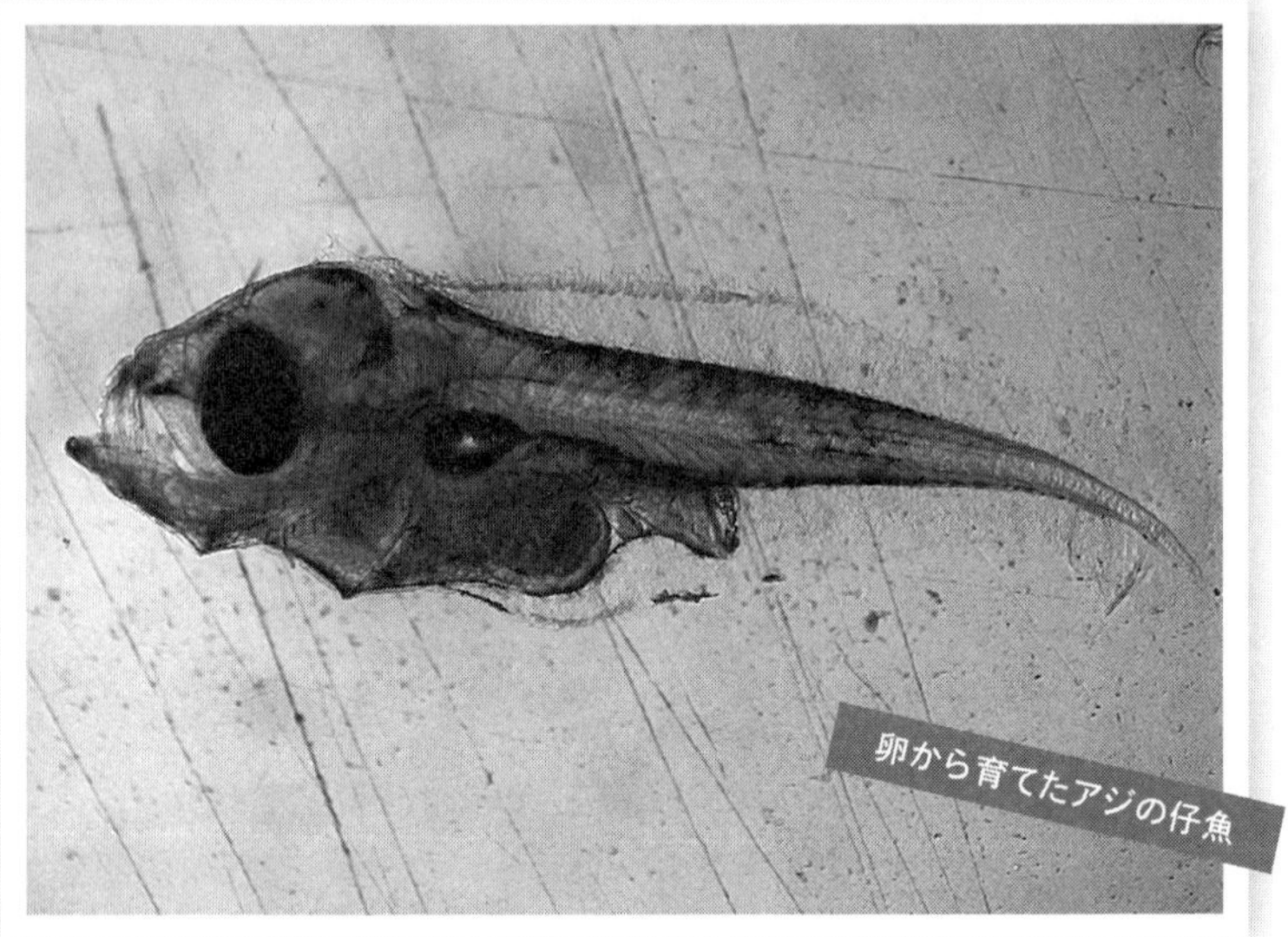

生まれてから8日齢の仔魚の様子。体長は1cmに満たないほどだが、ここまで育てるのに多大な労力が必要となる。

一〇時の栄養強化までを神経をすり減らしながら過ごすことになる。魚に合わせた規則正しいライフスタイルだが、普段から不規則な生活を送る大学院生にはこれを土日もなく続けることは意外と過酷である。実験所の中では、仔魚の飼育実験をしている学生はみなだんだんとふわふわした感じになったり、イライラしたりと、変な雰囲気になっていくと言われていた。

アジは天然の海でたくさん採れる魚であるため、実は卵から育てる種苗生産はこれまでに全然研究が進んでいなかった。そのため、仔魚飼育のノウハウはほとんどわかっておらず、餌やりのタイミングも、与える適正量もわからず、難しい魚と言われていた。そんなアジのはじめての仔魚飼育を、当時別にアジの研究を計画していた後輩と一緒にすることになった。はじめての魚の仔育てだったが、ベテランの先輩の指導もあったため、順調に卵が孵化して赤ちゃんはすくすくと育っていった。慣れない作業で疲れつつも、成長する魚の写真を撮りながら、成長の様子を楽しみに、その先の実験への期待に胸をふくらませて過ごしていた。

しかし、三週間ほど過ぎたある日、水槽の様子が少しおかしいことに気づいた。いつもよりも水面に浮上する魚の数が少ない。横から覗いても、明らかに少なく、よく見ると底の方に死んでいる魚が溜まっていた。この死んだ魚の数は、日に日に増えていき、水槽の魚もあからさまに減っていった。毎日水槽のなかの魚を観察しながら、減りゆく魚を見るのはこれまでの採集の苦労や飼育の努力を思うととてもむなしく、辛いものだった。死んでしまった原因もわからず、八方塞がりとなった私たちは、やむなく、近所の子育祈願をしている神社にお参りをしに行った。「無事に育つまで私はアジを食べません」と願掛けまでしたものの、私の願いはアジの神様には届かず、魚の数はみるみる減っていき、最終的に全滅してしまった。そこから、また新たに親を仕入れたり努力を続けてみたが、結局アジの子供はおろか卵も入手できず、その年の研究は中断することになってしまった。

ルハウスを設置してその中を実験室（通称、高橋ハウス）として実験をしていた（第6章2参照）。実験室と言えば聞こえはいいが、キャンパスの真ん中に怪しいビニールハウスが建てられたため、近くを通る人々から不審な目で見られていたのは間違いない。このハウスは、直射日光を浴びるため、内部はとても高温となる。また、水槽の水温が高くなりすぎると都合が悪いので、多数の水槽用クーラーを設置していたのだが、このクーラーから出る排熱のため、ハウスの中は外気以上に高温となり、湿度も高かったため最高に蒸し暑い環境であった。当時、干潟でシオマネキの研究をしていた同僚※は、ハウスに遊びにきたとき、「ここは干潟より暑い……」といって、早々に帰って行った。そのうち、環境を改善するため窓用エアコンを設置して、室内環境はだいぶよくなったのだが、あるとき大雨が降った。このハウスは、雨を排水する設備はあったのだが、観測史上最大クラスの大雨では排水が追いつかず、翌朝来るとハウスは水深40cmの池に半分沈んでいた。幸い、実験設備や魚に大きな損害はなかったのだが、この水はしばらく完全にひくことがなく、水たまりの中での実験を余儀なくされた。実験中ふと下に目をやると、大雨時に水槽から逃げ出したベタやキンギョが足下を泳いでおり、愉しいんだか、哀しいんだか、複雑な気持ちになったものである。

※本シリーズ第5巻『カニの歌を聴け』の竹下さんである。

Column 2

飼育現場というフィールド

動物記の中で語られる舞台の多くは、動物たちの生活する野外のフィールドであろう。普段行くことがない世界の話はとても魅力的で興味を惹かれるが、その現場は多くの場合、過酷な環境であることが想像される。かたや私の話の舞台は実験室である。通常実験室は、実験者にとって不快ではない環境である。しかし、魚類心理学の実験室は必ずしも快適とは限らず、ときにフィールドに勝るとも劣らない過酷な環境になることがある。

京都大学で実験をしていた実験室は、エアコン完備の部屋であった。そのため、真夏でも涼しい環境で実験ができ、普通であれば快適な環境のはずだった。しかし、ある夏の日、同室で実験をする先輩が「実験魚の都合から室温を限界まで下げたい」と言ってきた。仕方のないことである。その日からこの実験室のエアコンは常に18℃設定となった。運悪く私の実験スペースはエアコンの直下にあったので、この冷風の直撃を受けた。外の気温は40℃に近い日が続いていたが、この寒さに耐えるためジャケットを着ながら実験をすることになってしまった。連日の極寒猛暑の繰り返しは私の健康を蝕んだものである。

長崎大学で実験をしていた際は、もっと過酷な環境であった。大学キャンパス内には、実験室で大量の海水魚を飼育するスペースがなかったため、私は屋外の大型実験水槽にビニー

4　アジにリベンジ

二年目は修士論文提出の年であったため、他の研究をしつつ（これは別の章で説明する）、「マアジの学習能力の個体発生」というタイトルでなんとか修士論文を提出して、修士課程を修了することができた。そして、アジの仔育ての失敗を引きずったまま、不安いっぱいの博士課程へと進学することになった。去年の仔魚全滅のトラウマはまだ癒えぬままだったが、マアジの人工孵化稚魚を使って考えている研究をどうしてもやりたかったため、その年に再挑戦することになった。仔魚がうまく育たなかったのは自分で採ったアジの卵がよくなかったことが原因である可能性があったため、その年は自分でアジ釣りをして卵を採集することに加えて、魚の採卵を専門としている他の大学の先生から卵をもらってリベンジをすることになった。いただいた卵は、九州から運び込まれたにもかかわらず、水面によく浮かんでいて（質の良い卵は浮かびやすいとされている）、なんだかツヤツヤして良さそうに見える。期待をかけて前回以上に丁寧に観察を続けて飼育することで、この年は多少の死亡はあれど、実験に十分な個体数を育てることに成功した。

ようやく、二年越しの実験を開始できる。水槽の中には十分な数の適したサイズの魚がいるが、野外に採集に行っていた時とは違い、繰り返し魚を入手することはできない。早くしないと見る間に成長してしまうので、ちんたらしてはいられない。魚の成長を考慮した実験は、やはり魚任せで進んでいく。うかうかしている暇はないので、研究の方針を改めて考えてみることにした。

前回の研究では、空間情報がない沖合にいる小さい稚魚は空間学習の能力が低く、複雑な空間構造の沿岸に棲む魚の大きさになると学習能力が向上するという結果だった[1]。そこから、アジが棲んでいる環境に適した学習能力を備えるといった、学習能力の個体発生機構があるだろう、というのが私の考えであった。前回注目していたのは、水槽内の餌場の位置情報を覚える能力であった。このような空間の位置情報を捉える能力は、空間構造が複雑で変化に富む環境でこそ意義のある能力であるため、（体の大きな）沿岸の稚魚がこの能力が高いことの説明はつく。しかし、本当にアジが環境に適した学習能力を備えているというのであれば、沖合で生活する魚もそれに適した能力をもつべきである。一方で、空間学習能力の高い魚というのは、総じて大きい魚（体長五センチメートル以上）であったので、前回の結果は「単に大きいと学習能力が高い」だけだったのかもしれない。魚の脳の大きさは体の成長に比例して大きくなるので、単に脳が肥大成長したことで学習能力も向上した可能性は否定できない。生活環境に必要な学習能力を備えるという仮説を検証するには、小さい魚に求められる学習能力は小さい魚の方が優れていることを示す必要がある。

そこで、続いての実験では、空間学習とは違う課題で能力を調べてみることにした。野外でのサンプリングの際に見られたように、小さい稚魚はクラゲなどの浮いているものに寄りつきながら生活をしている。つまり、小さい魚にとっては、上の方に浮かんでいるものは、生活する環境に存在

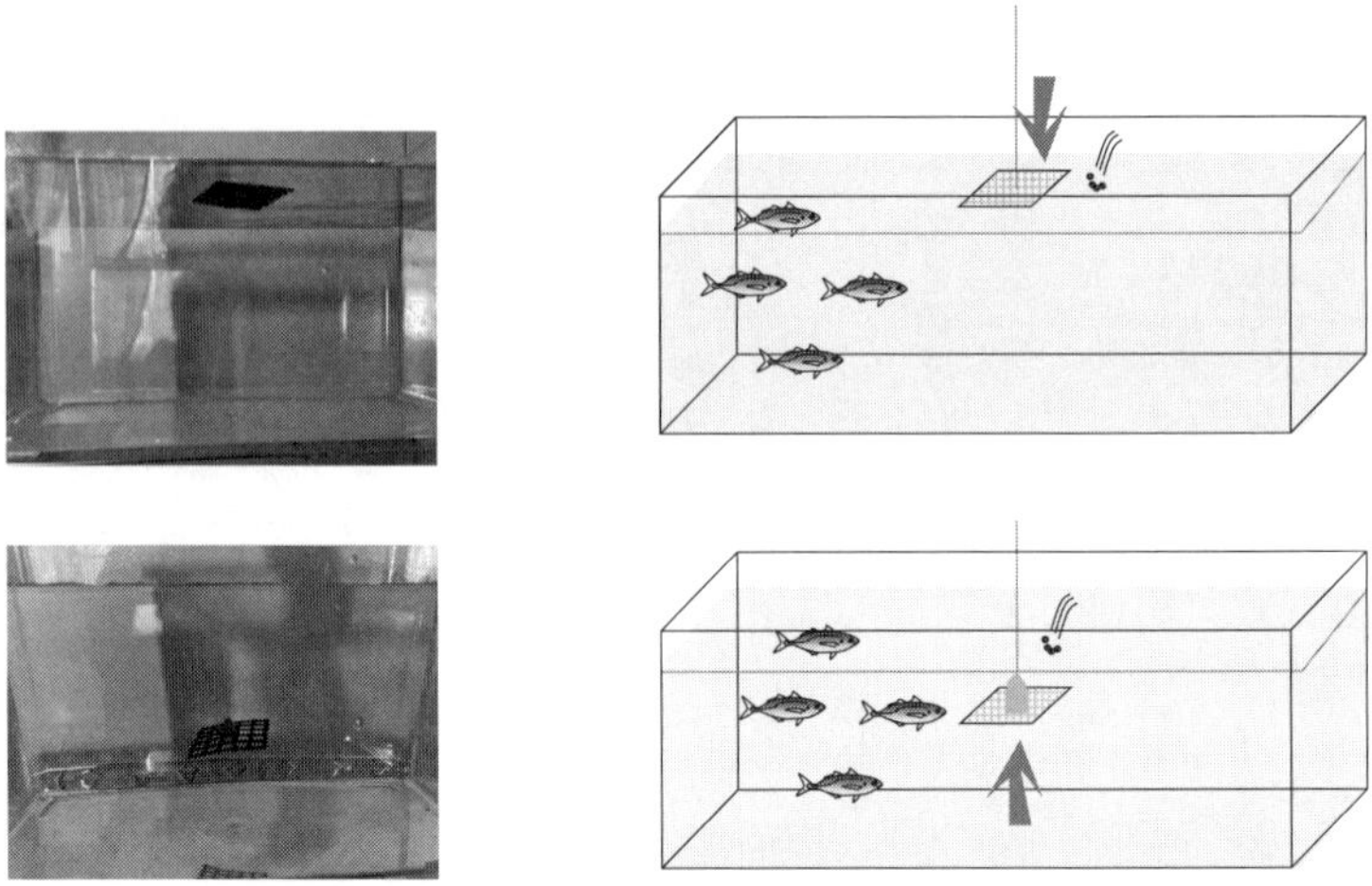

図7　水面構造物と水中構造物の実験

水面に浮かぶプラスチック（上図）と糸で吊るして水中に漂うプラスチック（下図）を餌場として訓練する。場所の微妙な違いだけで、学習しやすさは変わるのか？

する限られた情報であり、彼らにとって重要なものであろう。一方で、沿岸に棲むマアジは、基本的には水面よりも水中を生活圏としている。彼らにとっては、環境に存在する情報は水面の物に限定されず、水中にある構造物などの情報をより利用するかもしれない。この考えから、学習課題として「水面に浮かぶもの」「水中に存在するもの」を餌場として覚える学習能力を比較することにした。

実験の方法はとてもシンプルだ。四尾の魚を入れた水槽に、プラスチック板を水面に浮かべる、または水中に提示して、その場所で餌を与えるというだけである（図7）。水槽に釣糸で繋いだ餌場となるプラスチック板を遠隔操作で提示して、六〇秒後にその付近に餌を与えるという訓練をおこなう。この操作を、一定の時間間隔を空けて繰り返すと、餌場を覚えた魚は、餌を与えられる前から餌場に寄りつくようになる。この行動の変化に注目して、「寄りつくようになるまでの訓練の回数」から学習能力を評価しようということである。また、今回の実験では、複数の魚を水槽に入れて実験をすることにした。前回の実験では、学習能力を詳細なサイズで調べたかったため単独個体で実験をする必要があったが、今回は沖合サイズと沿岸サイズでの比較になるため大きさを厳密に揃える必要がなく、同時に複数の魚を入れてもさほど問題にならない。何よりうかうかしていると魚が大きくなってしまうので失敗もあまりできない。先に述べたとおり、マアジは単独ではとても臆病で実験が困難であったが、四匹になると怯えることなくバクバク餌を食べる。前回の苦労が嘘のように、スムーズに実験を進めることができた。魚の行動実験をするときに、魚の習性を考慮するのはとても大事なのだ。もちろん、単独で実験することは個体レベルで能力を見ることができるメリットもあるが、本来の魚の生態を考慮した実験系を組めると、失敗も少なく、実験者の負担も軽減される。

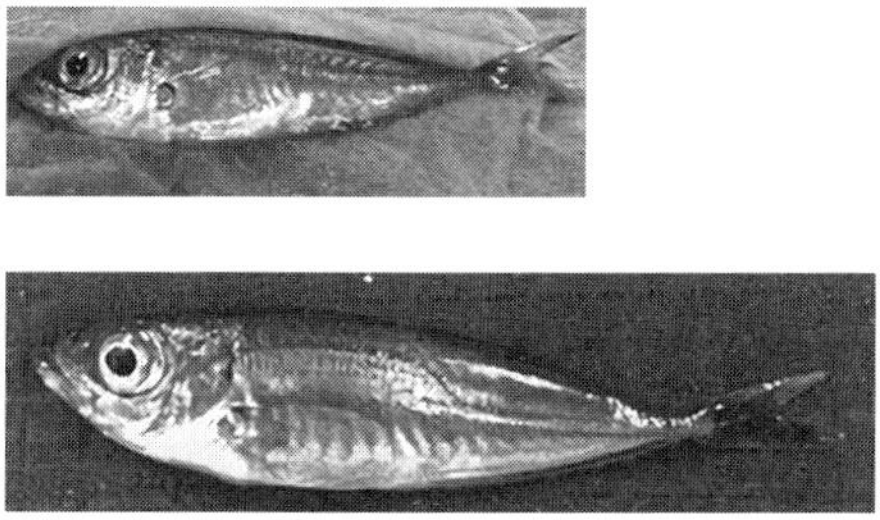

図8　実験に用いた稚魚

上が体長4cmの稚魚で、下が体長6cmの稚魚。並べても大きさ以外に違いはほとんど見られないが、学習能力は違うのか？

　実験では、前回の研究で分かった空間学習能力の変化が見られる体長五センチメートルを境にして、体長四センチメートルくらいと体長六センチメートルくらいの稚魚という、二つのサイズ間で学習能力を比較することにした（図8）。つまり、今回の魚の実験条件は、四センチメートル稚魚・水面学習、四センチメートル稚魚・水中学習、六センチメートル稚魚・水面学習、六センチメートル稚魚・水中学習の四つということになり、体のサイズと覚える内容によって、覚えるようになるまでの訓練の回数の違いを調べたということだ。

5 大きいから賢いのではない

前回と違って、途中で実験が中断することもほとんどなくスムーズに進んだ。実験に用いた全ての条件で最大二二回の訓練以内で餌場を覚えることができた。そして、期待通り、条件によって覚えるまでの訓練回数には差が見られた。簡潔に言うと、体長四センチメートルの稚魚では、水面に浮かんでいるものを餌場として覚えるように訓練した魚は、水中の餌場を覚える訓練をした魚よりも早く餌場に寄りつくようになった（図9）。つまり、小さい魚は、水中のものよりも水面のものを覚える能力が高いということだ。一方で、体長六センチメートルの稚魚は、水面の餌場よりも水中の餌場の方を早く覚えるという結果になった。つまり、サイズによって、得意な学習が違うということになる。

また、体長四センチメートルと六センチメートルの稚魚の間で覚える速度も比較してみた。すると、水面の餌場を覚える訓練では、体の小さい四センチメートルの稚魚の方が六センチメートルの魚よりも早く覚え、水中の餌場学習では、逆の傾向が見られた。水中のものを覚える能力は、大きい魚が優れているが、水面のものを覚える能力は小さい稚魚の方が優れているということである。このことは、単に身体が大きい方が学習能力が高いという仮説を棄却している。この結果は、マアジの学習能力は、単に体が大きいから能力が高くなるわけではなく、生活する環境に求められる能力を備えているという仮説を支持していると言ってよ

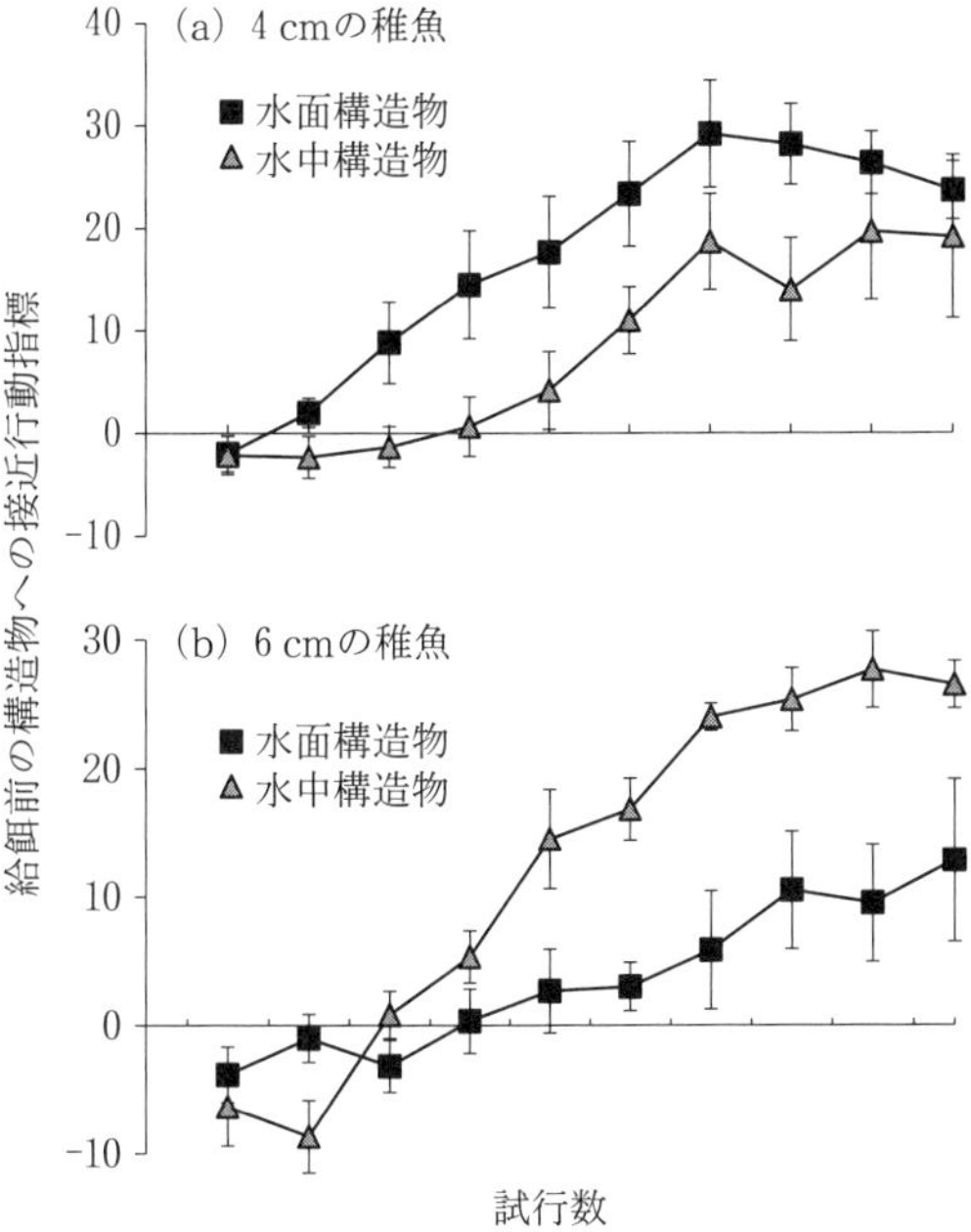

図9　水面構造物と水中構造物の学習過程の結果

体長4cmの稚魚(a)は、水面構造物への寄りつきが早く、体長6cmの稚魚(b)は水中構造物への寄りつきが早い。体の大きさのわずかな違いで、得意な学習が違うことがわかる。

いだろう。ちなみに、これらの大きさの魚を大きめの水槽に入れて、泳いでいる水深層を見てみると、サイズによって泳いでいる深さに顕著な違いは見られなかった。つまり、小さい魚が上の方にいるから浮かんでいるものを早く覚えられるわけではないということである。

また、この実験には苦労して入手した人工孵化稚魚を用いている。人工孵化稚魚ということは、つまり実際には生息環境の変化を経験していない魚である。このような魚でも成長に応じて学習能力の変化が見られたということは、アジの学習能力の変化は生まれてからの経験を必要としないことになる。前回の空間学習の研究でも、エチゼンクラゲに寄りついて沖合生活をしていながらも、空間学習能力が高い個体がいた。つまり、マアジの学習能力の変化は、生活している環境に依存しているのではなく、やはり学習能力（物事に対する認知能力とも言い換えられる）がまず変化して、その後に生息環境を移動している可能性が高いと考えられる。周りの物に対する認知能力が変わるというのは、周りの物や環境に対しての見方（より擬人的に言えば「意識」）が変化しているともとれる。そう考えると、アジの中にまず環境に対する「心変わり」が先にあって、そのあとから生活する場所を変えるということなのかもしれない。

ヒトでも、新しい環境に進んで行くときは、まず心変わりが先にあるのではないだろうか。たとえば、新しい趣味やバイトを始めようとする時、そこにはまず「新しいことをしようかな」という気持ちの変化がある。当たり前のことかもしれないが、行動のキッカケには気持ちがあるのである。私自身の経験にも、これは当てはまるのかもしれない。大学院で研究室を変えるというチャレンジをするとき、そこには「真剣に魚の研究をしよう」という気持ちの変化が先にあった。研究者への道に進むという選択にも、「就職しようかな」という気持ちから「やっぱり研究がしたい」という心変わりがあった。マアジという魚でも、「心変わり」に応じて生活スタイルが変わるというのは、なんだか私たちとも通じるところがある。研究を通して、魚のヒトらしさが感じられることはとても面白く、だから研究はやめられない。

ヒトの学習能力をめぐっては、大人の方が難しい内容を学べるとか、子供の方が覚える速度がはやいというようなイメージがあるだろう。しかし、今回の研究でわかったことは、生き物がもっている学習能力は、その能力が生きていく上で必要だからもっているということである。実はこれは当たり前のことで、たとえばヒトでも、生きるために必要なことはすぐに覚えることができる。信号は守らないと車にはねられて死んでしまうとか、お昼休みの時間を守らないとサボりとみなされ怒られるとか、生活に大事なことはすぐに覚えられるだろう。逆に、その人の生活の中でどうでもいいこと、たとえば私であれば煩わしい事務作業やパートナー（妻）の小言などはなかなか覚えられない（本当は大切なのかもしれないが）。アジの学習に関しても、同じようなことが言えるのである。もちろん、魚の研究で得られた結果がそのままヒトに適用できるかはわからない。ただ、覚えられないことを覚えたいとき、そのことが自分にとって大事なことだと捉えると覚えやすくなるのかもしれない。

⑥「とりあえずやってみよう」精神

アジの学習能力の研究は、自分から出てきたテーマではなかったこともあり、正直なところ、最初は乗り気ではなかった。というのも、そもそも私が研究をしたいと思った理由の一つは、「新しいこと」や「すごいこと」がしたいというものであったからだ。研究を続けていく上では、そういう「新しいことがしたい」「世界を沸かせるすごい発見をしたい」という気持ちはとても大事なものだ。しかし、考えてみてほしい。全く研究もしたことがないズブの素人ではなにが新しいのかもよくわかっていない。そんな者がいきなりすごいことができるものだろうか？　研究の世界にはすでに優秀な研究者がたくさんいるのに、いきなりそんなことができるはずはない（中にははじめからできる人もいるが）。これはなにも研究に限ったことでなく、仕事でも、スポーツでもそういうものだと思う。いきなり背伸びをせずに、まずはできることに挑戦していくのがいいと、今では思う。

そして、実際に研究に取り組むと、すでにやられている研究でも思ったようにいかないことはたくさんある。先輩と同じような実験でも、魚が変わっただけでなかなかうまくいかなかったことは、先に紹介したとおりである。簡単だと思っていても、必ずしも思い通りにいかないのが研究なのだ（中にははじめから思い通りに進む人もいるが）。そんな中、大切なことは「学習」することである。私のこのアジの実験にも、数々の学習が隠されている。魚のサンプリングでは「釣れない釣り」という経験をして、目当てのアジがいないことを学習しているし、実験の工程でも「魚が水槽で餌を食べない」という経験を通じて、実験を成功に導く方法を考案することができた。自分で取り組んで、試行錯誤し、目的にたどり着くというプロセスには、学習が必要なのである。マアジに学習させる目的の実験ではあったが、実は自分も学習をしていたことになる。そして、「研究結果」という最高の報酬を得ることによって、この研究に対する学習がまた成立し、研究や実験へのモチベーションが増して、研究に関わる行動が増えていくことになっていったのである。

また、今回の研究を通して、私が学習したもう一つのことは、「とりあえずやってみる」ことの大切さだ。この言葉は私が益田先生に相談をするときに度々かけていただいた言葉だ。はじめに聞いた時は、「真剣に考えてくれているのか?・」と疑念を抱かないこともなかったが、この「とりあえずやってみよう」の精神は研究をする上でとても大事なものだということが、徐々にわかってきた。「とりあえずやってみる」という自発的な行動の結果、そこで成功という報酬が得られると、その行動は増えるようになる。これは、オペラント条件づけという学習の基本原理といえる（オペラント条件づけについての詳細は7章で説明する）。つまりは、何事も失敗を恐れずにとりあえずやっていれば、そのうち成功にたどり着けるのだ、ということを先生は（おそらく）教えてくれていたのだと思う。そして、この「はじめての研究」という経験と「成果」という報酬を得た私は、「研究」という行動を学習して、今も続けているのだろう。

3章

見て学ぶ魚たち

1 前人未踏(?)の研究アイデア

前章のアジの学習の研究を通して、私自身が研究の面白さを学習することができた。ただ、指導教官から提案されたテーマを遂行しただけだという引け目もあり、物足りなさは否めない。アジの研究がひと段落してこの先にどういう研究をしようかと考えたとき、私の中にあるのは、「やっぱり自分のアイデアから研究をやってみたい」という思いだった。記憶を遡ると、「魚はテレビを見て学習するのか?」というテーマが思い出された。実験や飼育のスキルがそこそこ身に付いてきたので、満を持して、この研究を始めてみることにした。

「テレビを見て学習する」ということは自分で経験して学ぶのではなく、映像を媒介として学習するということである。テレビなどの映像を見て学習する機会は、ヒトの社会ではたくさんある。子供たちは幼児番組を見て、言葉を覚えたり、社会とのつながりを理解していく。大人も、ニュースを見て自分をとりまく情勢を学び、人気のおいしい店を知ることができる。昨今は、YouTubeなどのオンライン映像が流行りだが、これもその価値は量りかねるにしろ、パソコンやスマートフォンに映る映像から何かを学んでいると言える。私は、このヒトの生活で普通に見られる「映像を見て学習する」という現象が魚でも起こるのかどうかが気になった。もちろん、魚の棲む水中世界にはテレビなど存在しない。魚が彼らの生活の中でテレビを見て学ぶ機会はありえないだろう。ただ、そんな魚でもテレビを見て学習するとしたら、なんともヒトっぽいではないか。私が魚類心理学の研究を進める動因の一つは、「魚のヒトっぽさ」を明らかにして、魚をもっと身近な生き物にしたいというところにある。アジの学習実験を経て、魚にヒトっぽさを強く感じるようになった私は、魚がもっとヒトっぽいことをできるということを証明したくなった。

「魚がテレビを見て学習できるのか」というテーマは、言い換えると魚が他人（他魚）の行動を映す映像を見て学習できるかということである。そこで、まず魚が映像に限らず他者の行動を見て学習することができるのかを調べた論文（文献）をリサーチしてみることにした。研究というものは、常に新しい発見を探究するものである（中には例外もあるが）。前回のように、ただ魚を変えてやるだけでも構わないが、何かこれまでと違うことをして、そこに新しい発見（他の魚と同じでした、でもとりあえずは構わないが）を見つけ、さらなる発展へとつなげる必要がある。そのためには、過去に他の研究者がどのようなことをしていて、どういった成果が出ているのかを把握しておかなければならず、研究をやる上では文献調査は欠かせないのである。研究の世界には無数の面白い研究者がいる。思いがけない論文に行き当たり、「そんなことしてる人いるの!?」と驚くこともしばしばである。

昨今の文献調査は、主にインターネット検索からはじまる。私もさっそく「Fish（魚）& Learning（学習）& Observation（観察）」というフレーズで検索をかけてみた。すると、思いのほか、魚が他者の行動を見て学習できるという研究はたくさんみつかる。[1]「すでにやられているのか……」と落胆しながらも、論文を読んでいくと「魚ってすごいんだな」と感心することも多々あり、改めて面白いテーマだと確信できた。さらに幸いなことに、その当時では魚がテレビを見て学習するという報告は見つけられなかった。これはチャンスかもしれない。

2 観察して学習する

いろいろと調べていくと、他者を見て学習するという現象は「観察学習」というものに当てはまることがわかってきた。ここで、この章のテーマである観察学習について、少し説明しよう。なお、観察学習には様々な定義があるので、ここでは一部を簡略化して説明していく。

観察学習とは、簡単に言うと、他個体の行動を観察する経験を通じて行動が変化する、という学習のことである。ちなみに、観察学習は、社会的学習（社会学習ともよばれる）の一つであり、観察的条件づけなどとも言われる。

観察学習には、学習者にとって、普通の学習（つまり学習者自身の経験による学習）にはないメリットがある。ヒトが危険なものを覚える学習を例にあげて考えてみよう。近所にかわいらしいイヌがいたとする。とてもかわいいイヌなので撫でようとしたら、実はとても気の荒いイヌで、噛まれてしまった。こういう経験をすると、「あのイヌはかわいいけどアブナイやつだ」ということを覚えて、近づかないようになるだろう。これが、普通の学習だ。この学習では、危険なイヌを覚えるためには、自分が痛い思いをしないといけない。一方で、自分ではなく、一緒にいた友人が噛まれるのをそばで見たとしよう。すると、それを見ていたあなたは、自分が痛い思いをしなくても、「これは危険なイヌだから触らないようにしよう」と覚えられるだろう。これが観察学習だ。つまり、観察学習では自身の経験（犬に噛まれる）というリスクやコストを冒すことなくものごとを覚えることができるのである。これは、不味い食べ物や毒のある食べ物を知る時などにも便利であり、逆に美味しい食べ物や店を知ることや、よくお菓子をくれる近所のお婆さんを覚える時にも役立つのである。また、観察学習の利点として、経験者一名に対して一度に複数の観察者が覚えられるというメリットもある。さきほどのイヌの例でいえば、一人の犠牲者が噛まれれば、周りの見ていた友人は全員避けるようになるだろう。このように、観察学習は効率的に学習するためにとても便利な学習の仕方なのである。

この観察学習は一見すると高度な学習に見えるかもしれないが、ヒトだけに見られるものではない。霊長類を含む哺乳類はもちろん、鳥類や爬虫類、両生類、さらには昆虫類でも観察学習をしていることがわかっている[2]。虫にできるのだから、魚にできないわけがない（こういう書き方をすると昆虫の研究者には怒られそうだが）。さきほど述べたとおり、魚の観察学習の研究はたくさんある。というのも、魚の多くの種は、社会生活を送る。地球に存在する魚の半分以上の種が、少なくとも生涯の中の一部で社会行動をとるとさえ言われている。観察学習は、周りの個体から情報を得て行動を習得する学習であるため、集団生活を送ることが多い魚にとって、メリットのある学習の仕方なのだろう。しかし、それらの論文をいくら読んでも、魚が他の魚を見て学習するというのが、私にはまだ信じられなかった。そこで、ちょうど前章の研究の過程で余ったアジがいたので、そのアジを使って自分でも観察学習の実験をしてみることにした。アジ釣りをしたことのある人であれば知っていると思うが、アジはよく群れを作る魚である。前章でも紹介したが、彼らは単独にすると怯えて餌を食べなくなってしまうほどに、社会生活に依存している。そんなアジは、観察学習の機会が多いと考えられるため、研究対象にはうってつけだと思われた。何より、アジについてはすでに実験をしているからよくわかっているので、こちらとしても都合が良い。「とりあえずやってみる」ことにした。

3 School for Learning

今回の実験では、「他の魚の行動を見ていた魚が、その行動を覚えられるのか」を調べることになる。学習させる方法には、前章の後半でおこなった餌場を覚えさせる方法を改良してやってみることにした。今回、餌場として覚えさせるものには、エアレーションを使うことにした。このエアレーションは実験所では蛇口を捻るだけでつけることができる上に、遠隔で簡単にオン・オフを操作できるメリットがある。また、エアレーションは水中から水面までひろがるため、魚にとって見つけやすい刺激であり、学習実験に使いやすい。実験はいたってシンプルで、エアーストーンを中央に設置した水槽にマアジ四匹を入れて行動を観察する。本当は単独でやりたいところだが、前章で見た通りやはり怯えてしまうので四匹とした。そして、エアレーションを遠隔操作でつけた六〇秒後に、その気泡のあるところに餌を与えるということを三〇分ほどの間隔を空けて繰り返した。こういった訓練を繰り返すと、アジは、エアレーションがつくと、餌がなくてもそこに近づくようになっていく。つまり、「エアレーション＝餌」という関係を覚えるということだ。

ここまでは前章と似たような実験だが、今回は、この「エアレーション＝餌」を観察によって他の個体が覚えられるのか、ということを調べることになる。そこで、まず、観察の対象となる魚（他の魚の見本になるということで「モデル model」と言われる。ここからはモデルと呼ぶ）に訓練をする。つまり、エアレーションがついたら近づくように訓練した魚を用意する。アジにとって、エアレーションの学習は簡単なようで、一〇回も訓練をすれば大体近づくようになった。このモデルの魚たちは、観察学習の比較対照にも用いた。つまり、他者の観察をせずに自分でエアレーションを覚える場合、どれくらいで覚えられるのかといった参考情報とするということである。

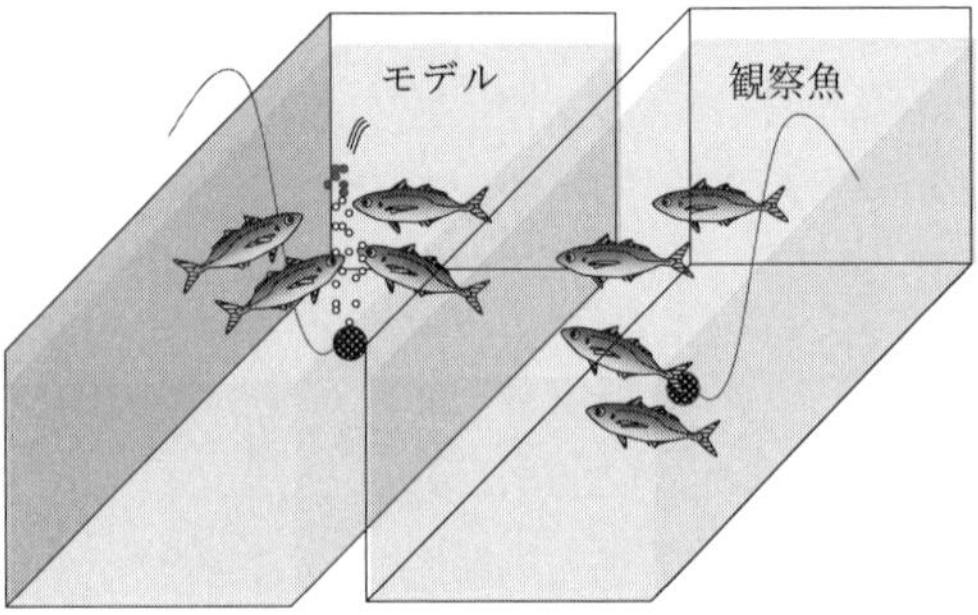

図10　マアジの社会学習実験の概念図

隣の水槽にいるモデルの魚が、エアレーションがついた時に餌を食べるという様子を観察魚に見せる。観察学習ができるなら、観察魚は、エアレーションが餌と関連づいているものだということを覚えて、餌をとる経験をしなくても、エアレーションに近づくようになる。

そして、モデルの魚が学習したら次は観察のステップに移る。モデルの入った水槽の隣に、観察する魚（観察observeする者という意味で「オブザーバーobserver」と呼ばれる。ここからは観察魚とする）を入れた水槽を設置した（図10）。そして、観察魚に、モデルの魚の学習した行動を観察させた。つまり、モデルの水槽にエアレーションをつけて、モデルの魚たちがエアレーションに近づいて餌を食べている様子を見せた。見て覚えるのにどれくらいモデルの観察が必要なのか全く検討がつかなかったが、ヒトなら数回見ただけで覚えられそうな内容なので、とりあえず一〇回（観察は三〇分の間隔を空けて）見せることにした。一〇回の観察の後、魚を休ませるため一晩おいて、観察魚にモデルと同様にエアレーションの学習を訓練した。モデルの観察をすることで、のちの観察魚自身の学習が促進されるかどうかを調べたというわけである。

それでは、実験の結果を見てみよう（図11）。まず最初の訓練試行（試行数1）に注目する。グラフを見てみると、一回目のエアレーションへの寄りつきは、観察魚の場合も観察をさせずに訓練をしたモデルの場合と同程度であった。つまり、アジは他個体（モデル）がエアレーションのあるところで餌を食べる様子を見るだけでは、エアレーションが餌場であることを覚えられないということになる。しかし、その後訓練を続けた二試行目以降の結果を見てほしい。観察魚のエアレーションへの寄りつきは、モデルよりも早い時点で増えていることがわかるだろう。すなわち、観察魚の方がエアレーションが餌場であることを学習するのが早いということである。これはどういうことなのだろうか？ ポジティブに捉えてみると、アジは他者の行動を見るだけでは学習できないが、学習が早くなるということである。たしかに、ヒトでもそういうことはある。他の人がしている様子から、なんとなく情報を覚

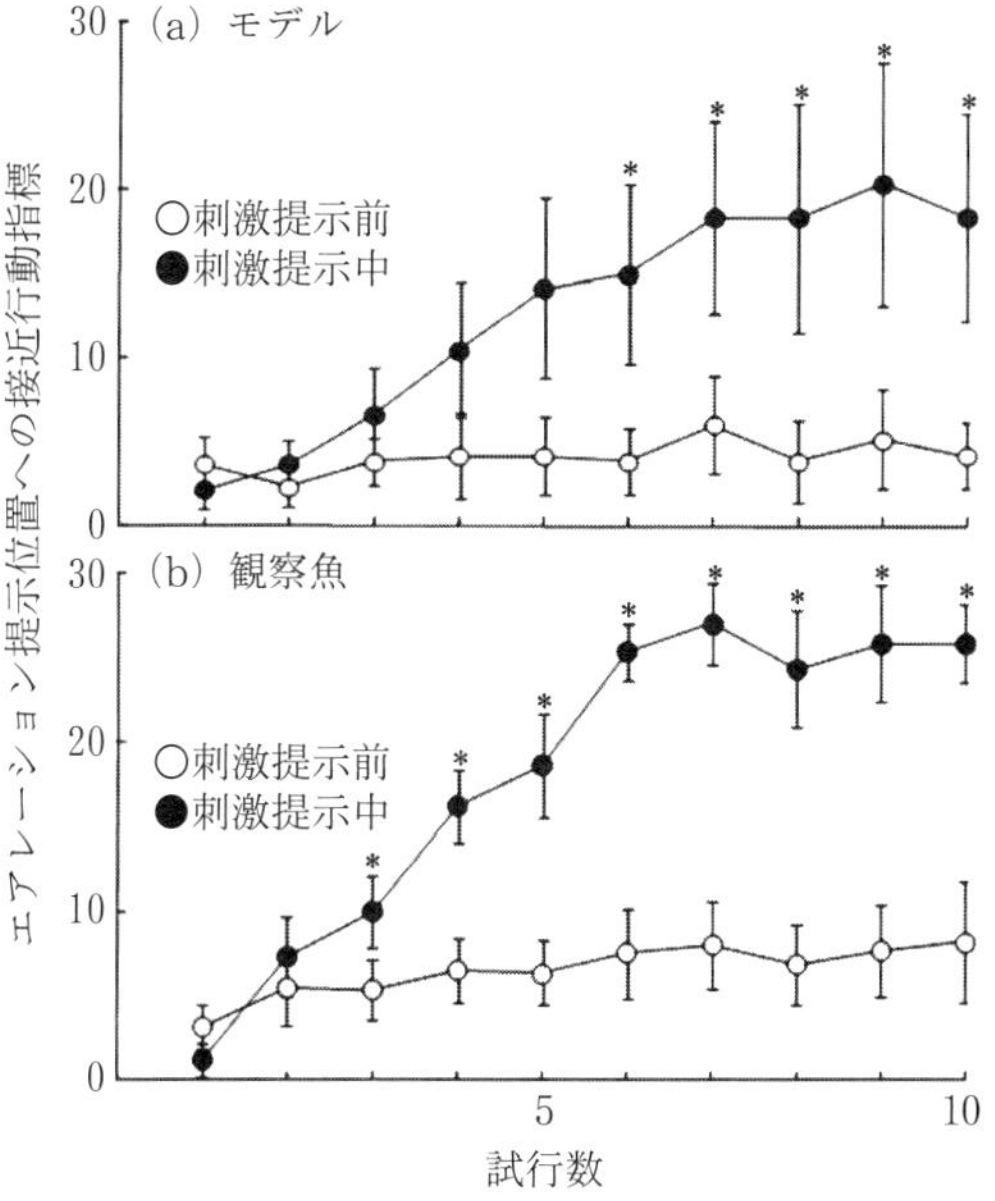

図11　マアジの社会学習の結果

モデル(a)と観察魚(b)のエアレーションを餌場として覚える過程。＊は統計学的に有意差があり、刺激提示位置に集まっていることを示している。モデルは6試行から刺激に接近するが、モデルの行動を見ていた観察魚は3試行目から接近が確認され、学習効率がよくなっていることがわかる。

えていても、すぐに同じ行動をするとは限らない。ただ、実際に自分がその行動をした時に良いことがあれば、その行動をすぐにするようになるだろう。つまり、他者の行動を見ただけでは、その行動自体をすぐに起こさないにしても、観察を通じて情報を習得しているということになる。同じように、アジもモデルの行動からエアレーションと餌の関係性の情報を覚えていたのだと考えることができる。見るだけで行動を真似しなかったため、「アジも観察学習ができる」と断定するには弱い結果だが、他個体の行動を観察することで、「アジの学習が促進される」ことは確かめられた。どうやらアジにも観察学習は成立していると言えそうで、「魚のヒトっぽさ」の一端を示すことができた。

他者の振る舞いを見て学習する現象は、一見高度な行動に見える。私も、実験をする前は、魚がそんなことをできるのか、正直なところ半信半疑ではあった。ただ、前に述べた通り、この学習の仕方は社会の中でこそ役に立つものである。マアジのような群れ社会での生活に依存した生き物がこのような能力をもっていることは、彼らが生活をしていく上では重要なことかもしれない。そう考えると、マアジたちが観察学習の能力を備えることは驚くことではないのだろう。ちなみに、この研究成果は、「School for learning」というタイトルの論文で公表した。[3] Schoolというのは、日本語で群れという意味であり、Learningは学習だ。つまり、論文タイトルを直訳すると、「学習のための群れ」という意味になり、「群れをつくることは学習にメリットがある」という含みを込めたタイトルであった。一方で、Schoolは、もっとメジャーな意味では、言わずもがな「学校」であり、

Learningは勉強という意味もある。そうすると、この論文のタイトルは、「勉強のための学校」という読み方をするのが普通である。しかし、共著者の益田先生に言われるまでこの読み方に気づかないほど、私は「群れと学習」というテーマに浸かりきっていた。余談だが、後にこの論文は日本水産学会の優秀論文賞に選ばれることになった。自分の発案した研究が学会で認められたことから、私が研究者として生きていく自信をもたらしてくれた。

4 アジは「いつから」見て学ぶ？

アジを使った観察学習の研究をしていく中、ふと疑問が生まれてきた。アジという魚は、群れを作る魚だと説明したが、実は生まれてすぐに群れるわけではない。生まれて間もない頃、アジたちはバラバラに生活している。成長につれて、アジたちは集団で同じように泳ぐようになっていき、いわゆる群れ行動をとるようになる。前の章で、マアジは成長過程で生活する物理的な環境が変化（沖合い→沿岸）し、その環境の変化に適するように、備える能力が変わっていくという話をした。一方、アジは物理的な環境だけでなく、群れという社会的な環境も成長の中で変化していく。ということは、アジのもつ観察学習の能力は、社会環境の変化に応じて変わるのではないだろうか。ちょうど水槽には、3章の実験で飼っていたアジの人工孵化稚魚が残っていた。とりあえずやってみるしかない。

先ほどの観察学習の実験と同じ方法で、群れを作らない小さいサイズ(体長一五ミリメートルほど)の魚で予備的な実験をやってみた。水槽に魚を入れてエアレーションをつけると、先ほどの実験とは違って、小さいサイズのアジたちは、餌を与えていないにもかかわらず、エアレーションに集まってしまった。この理由は定かではないが、突如出現したエアレーションに好奇心をくすぐられて、恐れもなく近づいているように見えた。これはこれで興味深い現象ではあるが、どうやらこの訓練方法ではこのサイズの魚の学習能力を調べることはできなそうだ。そこで、少し方法を変えて、先ほどとは逆にエアレーションをオフにした時に餌を与えるという方法に変えてみることにした。水槽で常時エアレーションが出ていて、これが止まった時に、エアーストーンのそばで餌がもらえることを教えるということである。この方法は、益田先生が過去にナンヨウアゴナシという魚の学習能力を調べる時にやっていた方法だ[4]。

エアレーションが消えたらエアーがあった位置で餌が与えられるという、少々わかりづらい方法にはなってしまったが、実験の流れは先ほどと同じである。つまり、あらかじめエアレーションが消えた時に餌場に寄りつくように訓練したモデルを用意し、観察魚にはモデルがエアー消失時に餌場に寄りつく様子を五回見せ、その後に観察魚に訓練をした。また、比較対象には、モデルの寄り

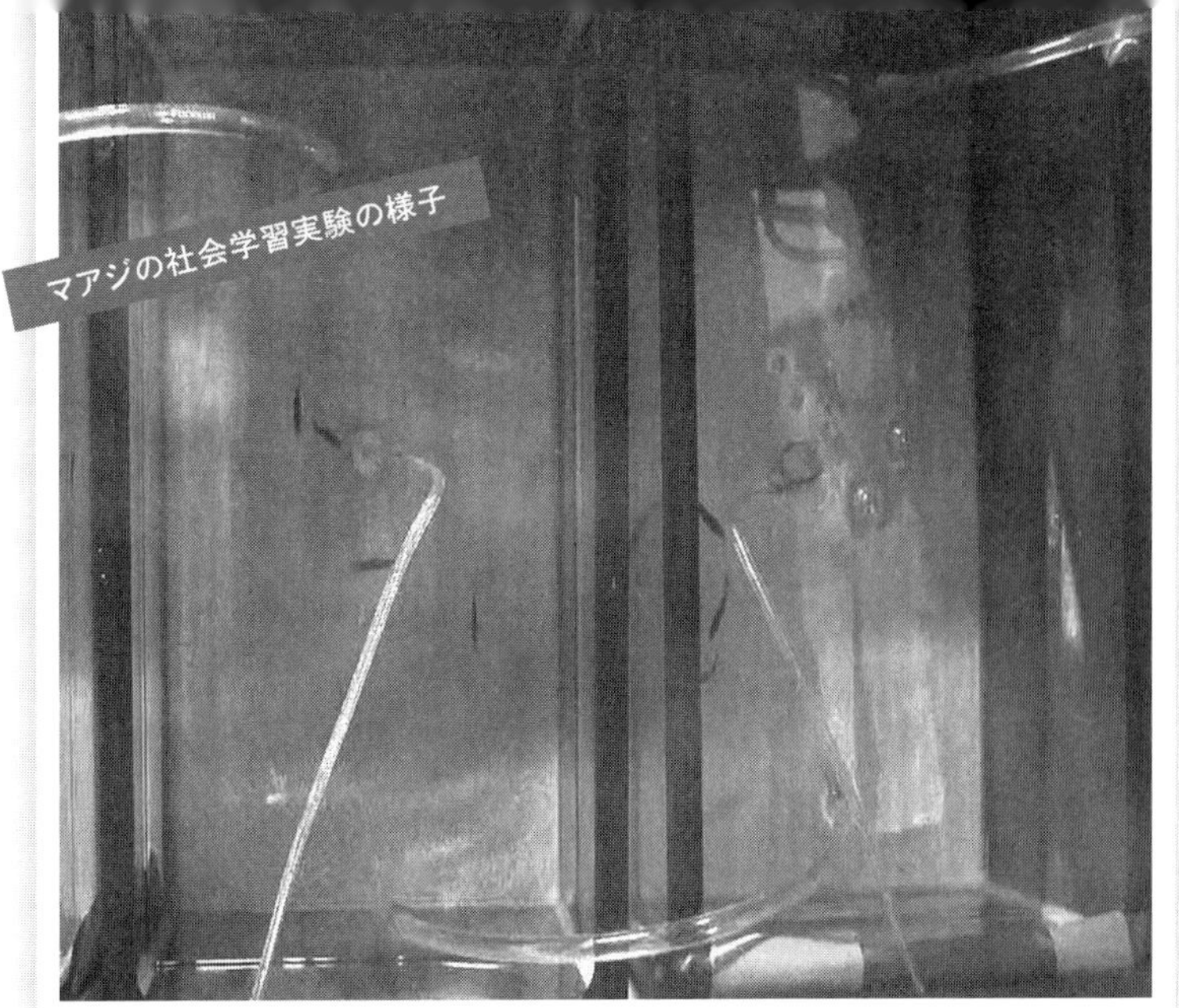

左の水槽はモデルの魚であり、エアレーションが消えると中央で餌を与えられる。右の水槽の観察魚は、モデルが食べている時にモデルの方に近づいていることから観察していると考えられる。

つき行動を見せない非観察魚で訓練した。今回、実験では予備実験で用いた体長一五ミリメートルの稚魚と三五ミリメートルの稚魚の二つの成長段階の魚を使った。つまり、実験の条件は、一五ミリメートル・観察魚、一五ミリメートル・非観察魚、三五ミリメートル・観察魚、三五ミリメートル・非観察魚の四条件となる。

そして、今回は魚の社会環境の変化と観察学習の能力の関係を見ることが目的である。そのため、学習の実験と並行して、これらの二サイズの魚の群れ行動も評価することにした。魚の群れ行動を評価する方法にはいろいろあるが、代表的な指標に「個体間距離」と「頭位交角」というものがある（図12）。個体間距離というのは、文字通り個体と個体の間の距離である。群れを作る魚たちは互いにある程度近い位置にいるため、群れを形成する魚同士では、個体間距離が小さい値（おおむね体長の一～三倍程度）になる。かたや、頭位交角とは、個体と個体の頭の向きの角度である。群れを作る魚たちは同じ方向を向いて行動する。つまり、頭の向きが等しくなる。そのため、群れを形成している魚たちの頭位交角はゼロに近づくということだ。大きめの水槽の中に四匹の魚を入れて、水槽の上方から行動を記録し、各個体同士の個体間距離と頭位交角を測定した。一五ミリメートルの魚と三五ミリメートルの魚の群れ行動を比較し、このサイズの間で社会環境が変化しているかを調べたということである。

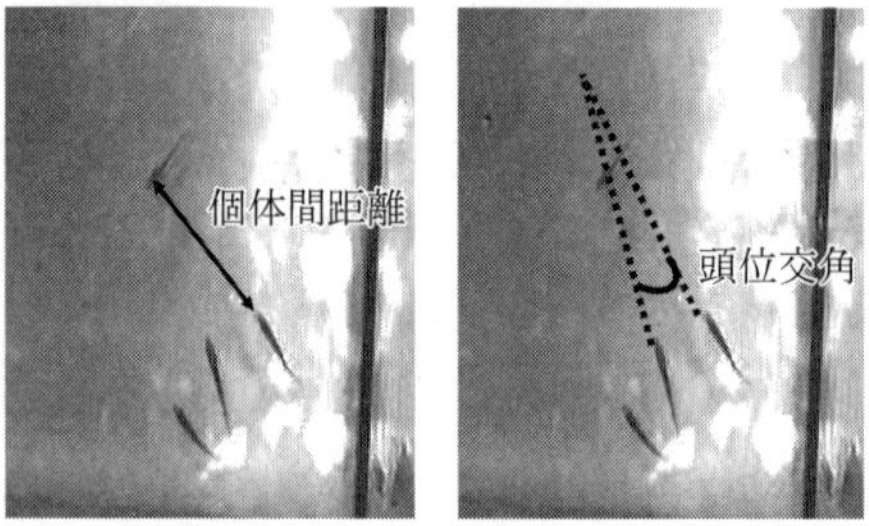

図12　魚の群れ行動の評価方法

群れ行動を評価するために、隣接個体との個体間距離（左図）と頭位交角（右図）を指標とすることが多い。魚が群れを形成していると、個体間距離は近く、頭位交角は0°に近くなる。

まず、群れ行動の結果を見てみよう（図13）。一五ミリメートルの魚たちは、個体間距離が体長の一〇倍程度であった。通常、群れを形成する魚は、自身の体長の一～三倍程度の距離を保って泳ぐため、これだけ離れているところを見ると、お互いが接近して行動しているとは言いがたい。また、頭位交角も平均すると八〇度であり、ランダムな方向である九〇度と近い値であった。これらの指標から、体長一五ミリメートルのアジは群れていないということがわかる。

一方で、体長三五ミリメートルの魚たちでは、個体間距離は体長の二倍程度の位置にあり、個体

図13　体長によるマアジの行動の違い

15mmの魚(左)は離れてバラバラに泳いでいるが、35mm(右)になると近接して同じ方を向いて泳ぐ「群れ」が見られる。体の大きさがわずかに違うだけで、水槽の中での振る舞いは大きく異なる。

同士はずいぶん近い。さらに、これらの魚の頭位交角は三〇度であり、ランダム（九〇度）とは有意に異なり、同じ向きを向いている割合が高くなっていた。どうやらアジは一五ミリメートルから三五ミリメートルの間に群れを作るようになり、この時期に社会環境で生活するようになるのだと言えそうだ。ほんの二センチほどの大きさの違いでこれだけ行動が変わるというのは面白い。

さて、本題の観察学習の効果を見てみよう（図14）。まず体長一五ミリメートルの魚である。このサイズの稚魚では、観察魚の訓練時の餌場への寄りつき行動は、観察をさせなかった非観察魚と違いはなかった。つまり、観察しても、しなくても、自身の学習効率は変わらないということであり、群れ行動が見られなかった体長一五ミリメートルの魚は観察学習をしないという結果になる。

一方で体長三五ミリメートルの魚では、結果が異なる。観察魚と非観察魚のどちらも、やはり訓練初期の餌場への寄りつきは変わらないが、訓練を進めていくと観察魚

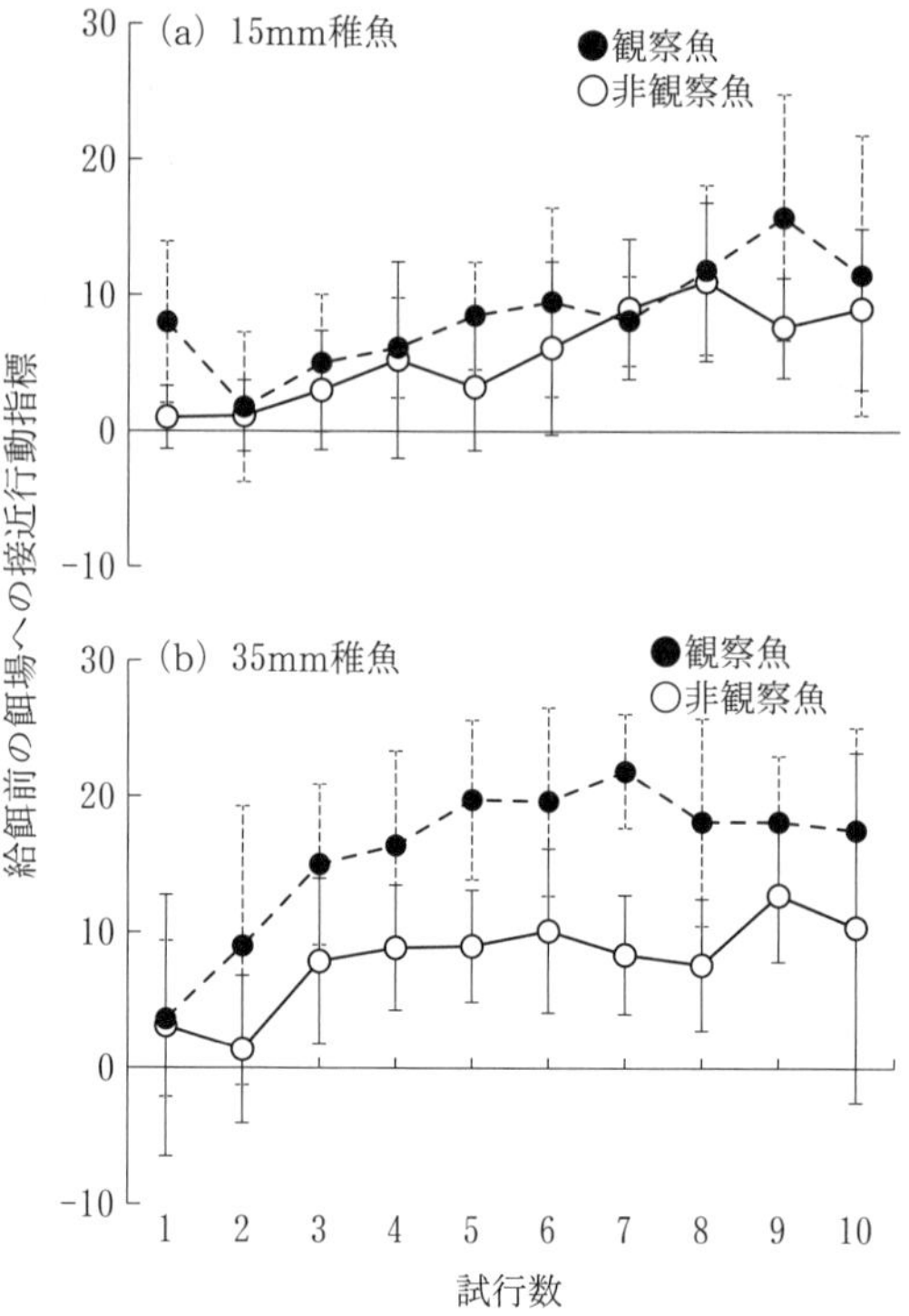

図14　体長ごとの観察魚・非観察魚の学習過程の結果

体長15mmの稚魚(a)は、観察魚も非観察魚も同じように学習している。しかし、35mmの稚魚(b)は観察魚の方が学習効率がよい。体の大きさのわずかな違いで、他者から情報を得られるかどうかが異なるようだ。

の寄りつきは非観察魚よりも多くなっていた。つまり、三五ミリメートルの魚はモデルを観察することで学習効率が高くなっており、このサイズの魚たちは観察学習をしていたということになる。ちなみに、非観察魚の学習効率は、一五ミリメートルでも三五ミリメートルでも同等であったことから、自身の経験で餌場を覚える能力には違いがなく、学習能力自体にはサイズによる違いは見られないようである。

群れ行動と観察学習についてまとめてみよう。群れを作らない一五ミリメートルの魚は観察学習をしないが、群れ行動を示すようになる三五ミリメートルになると観察学習をすることがわかった。アジは成長の過程で群れという社会環境が形成されていき、その過程で観察学習能力も発達していくということである。観察学習とは、他者から餌などの情報を得ることであり、近くに他者がいない十五ミリメートル稚魚の置かれた状況ではそれほど機能的でないだろう。しかし、三五ミリメートルの稚魚がみせる群れのように、同調して行動をともにする個体がいる状況では、この能力はとても有益だと考えられる。生活に必要な認知能力が、必要に応じて発達するという現象は、物理的環境だけでなく社会環境にも当てはまりそうだ。ふとした疑問から始めた簡単な実験ではあったが、意外なほどクリアな結果となった。これは他の動物でもあまり知られていない発見であったが、ヒトにも当てはまるかもしれない。子供が周りの人の様子を見て物事を覚えるようになるのは、幼稚園や保育園などの社会環境が作られる時期に特に多くなる気もする。ただ、この観察学習能力の発達が社会環境で生活する中で育まれるのか、それとも他者から情報を得ようとする潜在的な能力の変化が先にあるのかは、不明ではある。

5 シマアジは「何」を見て学ぶ？

最初は半信半疑で始めた観察学習の研究だったが、実際に自分で魚の様子を目の当たりにすることで、私自身、魚も観察学習をできそうだと感じるようになってきた。

一方で、研究を進めていくと、また新たな疑問が生まれてくる。魚たちは他者の何を見て学んでいるのだろうか？　ヒトが他者の振る舞いを見て学習する時、多くは相手の行動の意図を汲んで学ぶだろう。つまり、観察者は他者がとる行動とその結果を理解して、その結果を求めて行動するということだ。同じように、魚も他者から学ぶとき、相手の行動を理解しているのだろうか。もし魚にもそんなことができるなら、「魚のヒトっぽさ」を探る上でとても興味深いテーマである。魚が他者の振る舞いのどの情報をもとに観察学習しているのかがわかれば、魚が他者から学ぶ心理を追求できるかもしれない。

本題に入る前に、ヒトの観察学習についての研究を紹介しよう。A・バンデューラという研究者がおこなった、ヒトの子供を使った古典的な実験がある。[5] この実験では、モデルとなる大人が人形を叩いている様子を子供たちに見せて、子供がこの「叩く」行動を真似するかどうかを調べた。実験をしてみると、多くの子供たちは、大人が人形を叩いている様子を見ると、その人形を前にした時に、同じように叩くようになった。つまり、子供が大人の真似をするということである。大人のちょっとした行いを、子供が簡単に真似してしまうというのは恐ろしいことであるが、この結果からわかることは、ヒトの幼児では観察したモデルの行動は、その意図にかかわらず真似をするということだ。一方で、この研究では、モデルのとった行動に「結果」が伴う様子を見せる実験も実施した。その実験では、大人が人形を叩いたら、別の大人に怒られるという様子を見せた。すると、叩いて怒られる様子を見ていた子供は、先ほどの実験と比べて人形を叩く頻度が下がったそうだ。つまり、ヒトの幼児は、単に真似をするだけでなく、他者（モデル）の行動の結果（叩いたら怒られる）を見て行動を変化させることができる、つまりモデルの行動の結果を理解できるということである。これはたしかに、ヒトが他人の真似をする時に、普通に起きることだと思う。

では、アジはどうだろうか？　単にモデルの行動を繰り返すように真似をしていただけなのか、それともモデルの行動の結果を踏まえて行動を変化させていたのだろうか。この観察学習の原理を探る実験をしてみることにした。しかし、この実験をするには、モデルから得られる情報を詳細に分ける必要があるため、単独の魚で実験をしなければならない。前に述べたとおり、マアジは単独では実験がしにくかったため、他の魚で実験をするのが現実的である。その時、たまたま別の研究で扱っていたのがシマアジだった。この研究では、「魚の種によって備える学習能力が違うのか？」ということに注目して、マアジ、シマアジ、ブリを飼育していた。この実験に先立ってシマアジを単独で飼育していたのだが、この魚はマアジと同じように群れを作る魚であるにもかかわらず、単独でも比較的慣れやすい性質をもっていることがわかっていた。そこで、シマアジを使って単独での観察学習の実験をしてみることにした。

実験の説明をする前に、マアジの観察学習を例に、観察魚が見るモデルから得られる情報について整理してみよう。アジの実験では、観察魚たちは観察の過程で、「①モデルとなる魚が餌場に寄りつき」、「②餌場のそばに餌が落ちてきて」、「③その餌をモデルの魚が食べる」という一連の様子を見ていたと考えられる。マアジは、このいずれかの情報から、餌場に寄りつく行動をとる学習を成立させていたのであろう。それぞれの情報について魚の目線からもう少し細かく考えてみよう。①では、観察魚はモデルの行動の様子だけを見ていることになる。バンデューラの研究で言うところの、「大人が人形を叩いている様子を見る」のと同じことである。つまり、モデルが寄りつく様子を見るだけで学習するのであれば、魚は「モデルの行動の結果にかかわらず真似をしている」ということになる。続いて、②の情報で学習した場合、観察魚は「モデルに関係なく、餌と関連付けられた刺激（エアーのオンやオフ）を見て覚えている」ことになる。モデルの存在を必要としない学習であることから、この学習の場合、他者の行動を通じた観察学習ではなく、観察者自身の「餌が落ちてくる様子」を見た経験に基づいた餌場の学習ということになる。③では、魚は「モデルが餌を食べるという行動の結果を見ている」ことになる。バンデューラの実験では怒られるという嫌な結果であり、その点では餌を得られるという本実験とは反対ではあるが、モデルの寄りつく行動の結果として餌がもらえることを他者のふるまいを通じて学習していることになる。この情報で魚が学習をした場合、他者のとる行動の結果を含めて理解している可能性が示唆される。

観察魚がモデルのどの情報をもとに学習するのかを調べるには、観察魚に見せる情報を分離して提示した実験が必要である。シマアジではエアレーションへの接近が見られなかったので、はじめにマアジの実験でおこなった、エアレーション（オン）と餌を関連づける訓練をベースに、観察者に見せる条件を変える実験をしてみることにした。一つ目の条件は「モデル個体がエアレーションに接近する様子」を観察魚に見せるものとした（図15 a）。先述の①である。観察魚の隣の水槽に、あらかじめエアレーションに寄りつくように訓練（エアレーションがついたら餌を与えて学習させる）したモデルを入れて、エアレーションをつけた時のモデルが接近する様子を観察魚に見せた。この時には、モデルの魚には餌を与えなかったため、観察魚はモデルの魚がエアレーションに接近したことの結

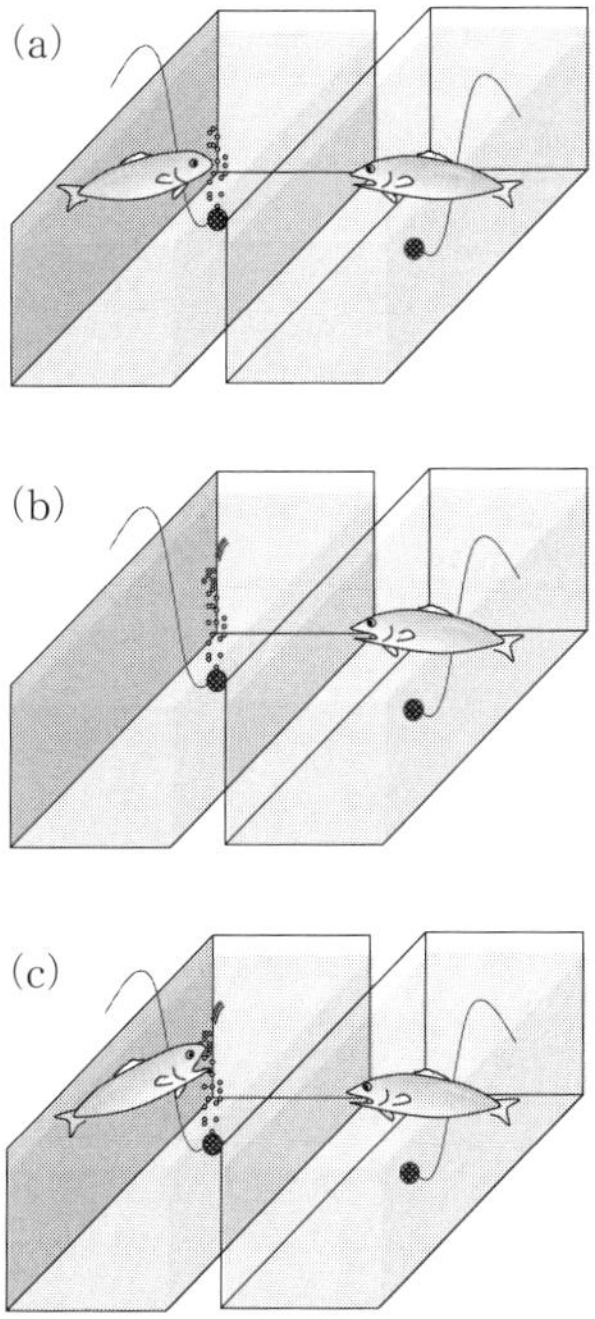

図15　シマアジの社会学習実験

(a)は、エアレーションにモデルの魚が寄りつく様子がおこなわれる「接近行動観察」。(b)は、隣の水槽でエアレーションがついた時に餌が落ちてくる「餌観察」。(c)は、モデルの魚がエアレーションのそばで餌を食べる様子がおこなわれる「摂餌行動観察」。隣の水槽でおこなわれる様子を変えた時に、観察魚は学習することができるのか？

果（餌を獲得する）を知ることはない。続いて、二つ目の条件では「エアレーションがオンになったら餌が落ちてくる様子」を観察魚に見せた（図15b）。この操作では、観察魚の水槽の中に透明なパイプを設置して、エアレーションがついたら透明のパイプの中に餌が落ちてくる（魚は餌は見えるが取れない）様子を観察魚に見せた。つまり、エアレーションがついたら餌が出てくるということを見る、②ということである。最後の条件では、「エアレーションのそばでモデルが餌を食べる様子」を観察魚に見せた。③を想定した条件であり、ここでの観察魚はエアレーションがついたら餌が落ちてきて、そのそばでモデルが餌を食べるという結果を見ることになる。異なる魚にいずれかの条件を提示して、各観察条件を五回見せた観察魚にエアレーションと餌の訓練を施して、エアレーションへの接近反応を見てみることにした。さて、シマアジは、どの条件で学習するのだろうか。

それでは観察魚の訓練の結果を見てみよう（図16）。まず一つ目の条件、「モデル個体がエアレーションに接近する様子（餌の情報なし）」を見た観察魚であるが、彼らは何も観察していない対照個体と同じようにエアレーションへの接近反応の訓練成果を見せた。つまり、ただモデルがエアレーションに接近する行動を見るだけ（餌を食べる様子は見ない）では、観察魚はエアレーションの学習をしないということである。続いて二つ目の条件、「エアレーションがオンになったら餌が落ちてくる様子（モデルの行動情報なし）」を見ていた観察魚だが、これもまた何も観察しない対照区の魚と同じ学習傾向であった。観察魚は餌とエアレーションの関係を観察するだけでは、つまりモデルの行動がなければ、学習できないということである。一方で、三つ目の条件、「エアレーションのそばでモデルが餌を食べる様子（モデルの行動＋餌情報あり）」を見た観察魚は、対照区の魚よりも早くエアレーションへの接近反応を示した。それどころか、マアジの実験の時とは違って、観察魚に訓練をせずとも最初の試行から観察魚のエアレーションへの接近反応が見られていた。つまり、モデルの魚がエアレーションのそばで餌を食べている様子を見るだけで、エアレーションが餌と関連づいたものであることを覚えることができたのである。マアジのときには見られなかった「見るだけで行動を真似する」ことが見られた理由は定かではないが、今回の実験ではモデルも観察魚もそれぞれ一匹で実験をしていたため、モデルの行動に注意を払いやすくなり観察学習が促進されたのかもしれない。

さて、少々ややこしいのでこれらの結果を改めてまとめてみよう。モデルのエアレーションへの接近行動を見るだけ（一つ目の条件）では学習しないことから、ただ単に他の魚の行動の真似をするわけではない。また、エアレーションのそばに餌が落ちてくる様子を見るだけ（二つ目の条件）では学習しないことから、餌情報を学習しているわけ

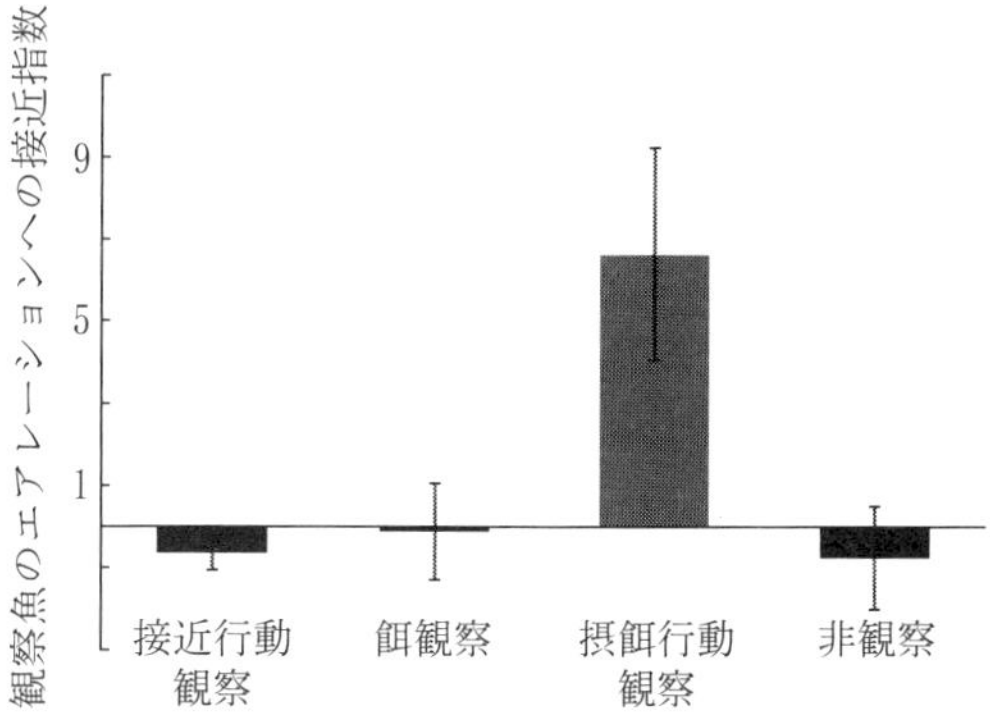

図16　観察条件ごとのエアレーションへの接近反応

隣の水槽で、エアレーションのそばに餌が落ちてきたり、モデルがエアレーションに寄りつく様子を見せてもエアレーションへの接近は生じないが、モデルが餌を食べる様子を見た観察魚はエアレーションを餌場として学習する。

でもない。シマアジの観察学習は、「他者が餌を食べる様子（三つ目の条件）」を見ることで成立するということなのだ。このことは、シマアジが他者から情報を得るためには、他者が受ける結果を見ることが大事であることを意味している。これは、バンデューラの実験でみられたヒトの幼児とよく似た学習の仕方である。このように他者が代わりに受けた報酬をもとに学習する場合を、代理報酬による学習という。ヒトでは代理報酬の学習はよく見られる。たとえば、兄弟が親戚の叔父さんに近づいてお小遣いという報酬をもらう様子を見ると、叔父さんが報酬をもたらすことを学習し、自分も叔父さんに近づこうとするであろう。ヒトのような代理報酬にもとづく観察学習が、魚にもできるということである。

ただし、モデルの行動を本当に理解していたと断言するのは早計かもしれない。たとえば、餌とモデルという複数の情報が存在することや、餌があることでモデルの行動が活発になったことで、観察魚の注意がより引かれるようになり、三つ目の条件で学習をしていたという可能性がないとはいえない。また、観察魚の見せたエアレーションへの接近が本当に餌を求めての行動なのかどうかも、厳密に言うと定かではない。つまり、シマアジが他者の食べる行動を本当に理解して、観察魚がその情報をもとに行動していたかを断言することは難しい。しかし、モデルの餌を食べる行動を見た時にだけ観察学習が成立していたことから、魚がモデルの行動の意味を汲んでいた可能性は十分にあるだろう。今後は、モデルの食べる行動だけを見せる実験や、観察魚が餌を必要としない状況では接近行動が起こらないことなどを明らかにすれば、魚が本当に他者のふるまいの意図を理解して

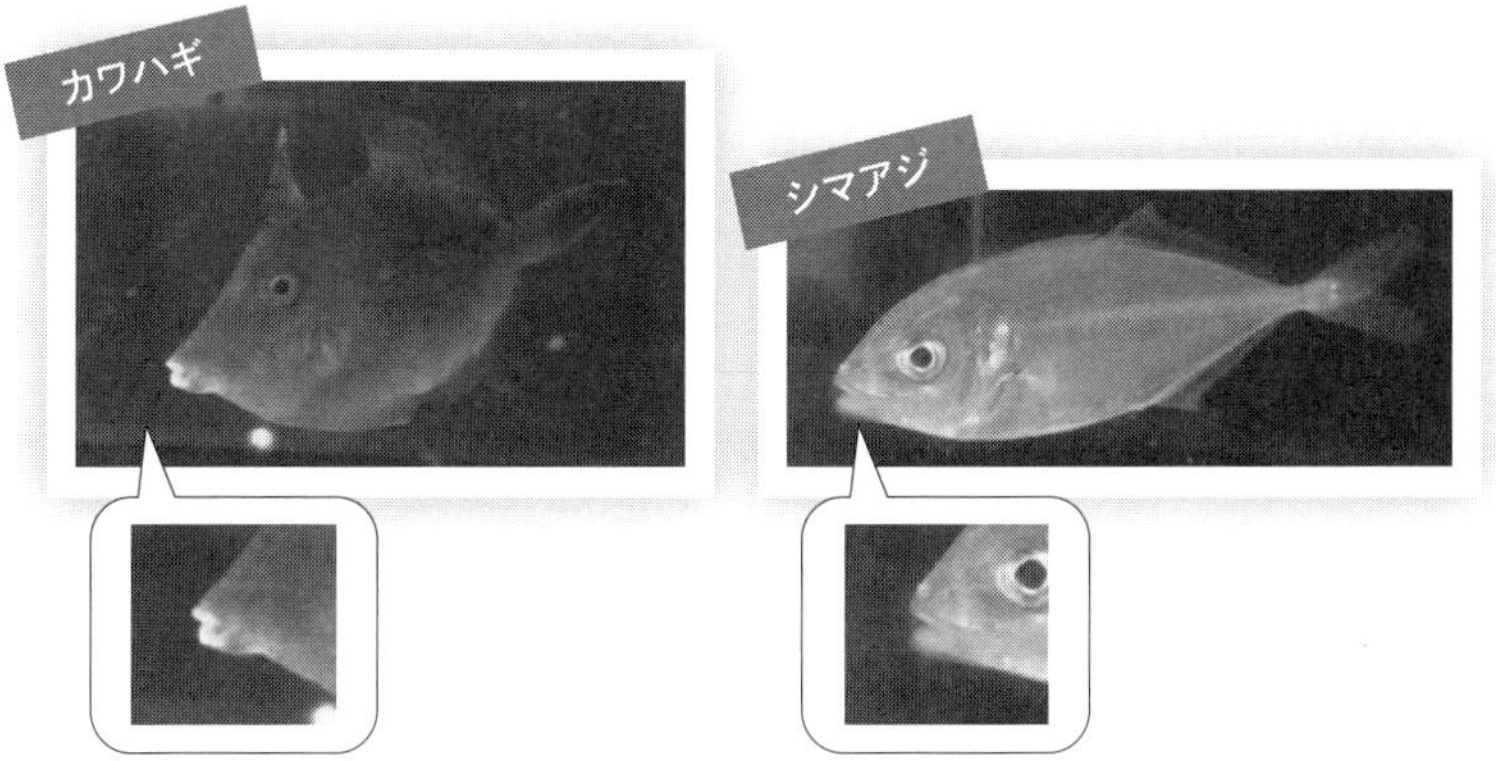

この2種では、外見や餌の食べ方が異なるが、このようなモデルから学習することはできるのか？

いたかを探ることができるだろう。

ここで、また気になる疑問が生まれた。「モデルの個体が自分と姿かたちの違う別の魚ならどうなのか？」ということである。魚の世界には様々な魚たちがいる。では自分とはまったく異なる姿かたちをした魚の行動からも観察学習ができるのだろうか？　この疑問は、たまたまカワハギを使った他の実験をしているときに思いついた。カワハギは平べったい体で、おちょぼ口の魚である。シマアジとは外見や餌の食べ方が違っている。そんなカワハギにエアレーションの学習をさせて、カワハギモデルでもシマアジが観察学習をするのかを調べてみた。すると、面白いことに、シマアジはカワハギが餌を食べている様子を見ても学習しないという結果になった。これには、観察魚の他者に対する注目のしやすさが関わっていそうである。観察時の魚の様子を見てみると、モデルが同種のシマアジの時は、観察魚は餌やエアレーションがない時でも、モデルに接近するような行動を見せていた。一方で、モデルがカワハギであると、モデルに対する接近反応はほとんど見られず、そもそも観察の対象としてみなしていないようであった。今回の実験に使っていたシマアジは、人工孵化稚魚である。つまり、ここまでの生涯の中で彼らは、カワハギという魚と出会うことはなかった。そんな彼らにとって、見たことのない異形の魚はそもそも興味の対象とならず観察学習が起こらないのかもしれない。であれば、普段からカワハギと同居している魚だと、結果は変わるのだろうか。実は他の研究者の研究では、異なる魚種がモデルであっても、行動を真似することや観察学習することがあるとの報告もある。生活の中で関わりの深い魚であれば、異種でも観察学習の対象になるのかもしれない。今後の課題である。

6 タイは「テレビ」を見て学ぶ?

さて、この章の本題から大分それてしまったため、忘れてしまった方も多いかと思うが、そもそも私が観察学習の研究をしようと思ったきっかけは、「魚がテレビを見て学べるかを知りたい」という前人未踏かつ荒唐無稽な興味であった。ここにいたるまでの観察学習の研究で十二分に満足する成果は得られていたが、やはりはじめにやりたかったことはやらねばなるまい。タイミングよく民間の研究助成金の公募があったので、映像の観察学習ネタで出してみることにした。読者の皆さまもうすうすお気づきかと思うが、幸いにも私の研究はあまりお金がかからない。魚の心を探る研究は、水槽と魚とアイデアさえあれば誰でもできる。小学校の自由研究に毛が生えたようなものなのだ。ただ、研究費があると、高価な設備を使えるようになるため、装置のグレードをあげた実験もできるようになる。また、研究費が取れるということは、研究者の実績として大事であり、なによりも、自分の純粋な魚の心への好奇心から芽生えた研究が、助成金というかたちで意義のあるものだと評価されることは、背中を押されているようでとても自信がつくものである。

運良く応募した助成金に採択していただけることになった。「魚がテレビを見るのか」という研究にお金を出してもらえるとは、なんともありがたい話である。ただ、お金をもらっている以上、なんとしてもこの研究を一年の研究期間のうちに完遂して成果を出さなければならなくなった。いただいたお金で、高価な防水ディスプレイ（約三〇万円）も手に入れたため、あれこれ難しく考えずにとりあえず実験をやってみることにした。

例によって、たまたま実験で余ったマアジがいたので試しに映像を見せてみることにした。群れを作るマアジは、水槽越しに同種のマアジを見せると、そちらに引き寄せられるように接近行動を示すため、同種の映像であれば接近行動が見られるだろうと考えた。水槽の隣にディスプレイを設置してさっそく行動を観察してみた。しかし、思ったようにいかない。アジが映像に対して背中を見せるような変な反応を示すのである。成果を出さないといけないところで気持ちばかり焦るが、これでは実験にならない。そこで白羽の矢を立てたのがマダイだ（後輩と一緒に別の実験に使っていたマダイが、たまたま残っていたのがきっかけではあるが）。マダイはマアジやシマアジとは違って、群れを作らない魚だ。だが、群れを作らない魚でも、状況によっては観察学習することがあるだろう。特に、危険な捕食者を覚えるような状況では、いろいろな魚で観察学習が見られることが報告されている。なによりマダイについては、同種の魚が水槽で食べられる様子を見て外敵を覚える可能性を指摘した研究があり、観察学習をする可能性が示されていたのだ。気づけば研究費の報告書締め切りまで残り二ヶ月を切ってきたため、一か八かでマダイで実験をしてみることにした。

マダイが対象であることから、実験方法を大幅に変更し、逃げる行動の学習に注目することにした（図17）。ちょうどこの実験を始める頃、研究室の後輩と共同でマダイの逃避学習の研究をしていたのも理由の一つだった。この研究は、「マダイはクラゲを食べると賢くなるか？」というテーマでおこなっていた。その中で、賢さの指標に隠れ家への逃避学習の能力を用いていたのだが、マダイは割と簡単に逃避の学習をできることがわかっていた。すでに方法も確立しているので、残りわずかな研究期間でも実施できそうだ。実験方法はシンプルで、水槽に隠れ家となる場所を設置して、反対側から網で追いかけてそこに逃げ込むことを教えるというやり方である。この逃げ込むことを教える前に、他者の逃げる様子を見せて、マダイが観察学習ができるかどうかを調べてみることにした。

今回の実験は映像モデルの効果を見るために、二つの観察条件を設けた（図18）。一つは、これまで同様に隣の水槽に訓練したモデル魚を入れて、網から逃げる様子を観察魚に見せるという条件である。これを生魚モデル観察条件と呼ぶ。これは、映像モデルの効果を確かめる前に、そもそも隣の水槽の魚が逃げる様子を見ることで観察学習ができるかを調べるためのものだ。もう一つは、念願の映像モデル観察条件である。モデルとなる魚に隠れ家に逃げる訓練をして、網から隠れ家に逃げ込む様子を水槽の横からビデオで撮影した。そして、撮影した映像を水槽の横に置いたディスプレイで再生した。つまり観察魚は、逃げる様子を直接ではなくテレビの画面越しに見ることになる。これらの様子を一〇回観察した観察魚と、何も見ていない対照条件の魚に、手網で追いかけられた時に隠れ家へと逃げる行動を訓練した。

それでは結果を見てみよう（図19）。まず全ての条件の魚において、逃避経験を繰り返すと隠れ家

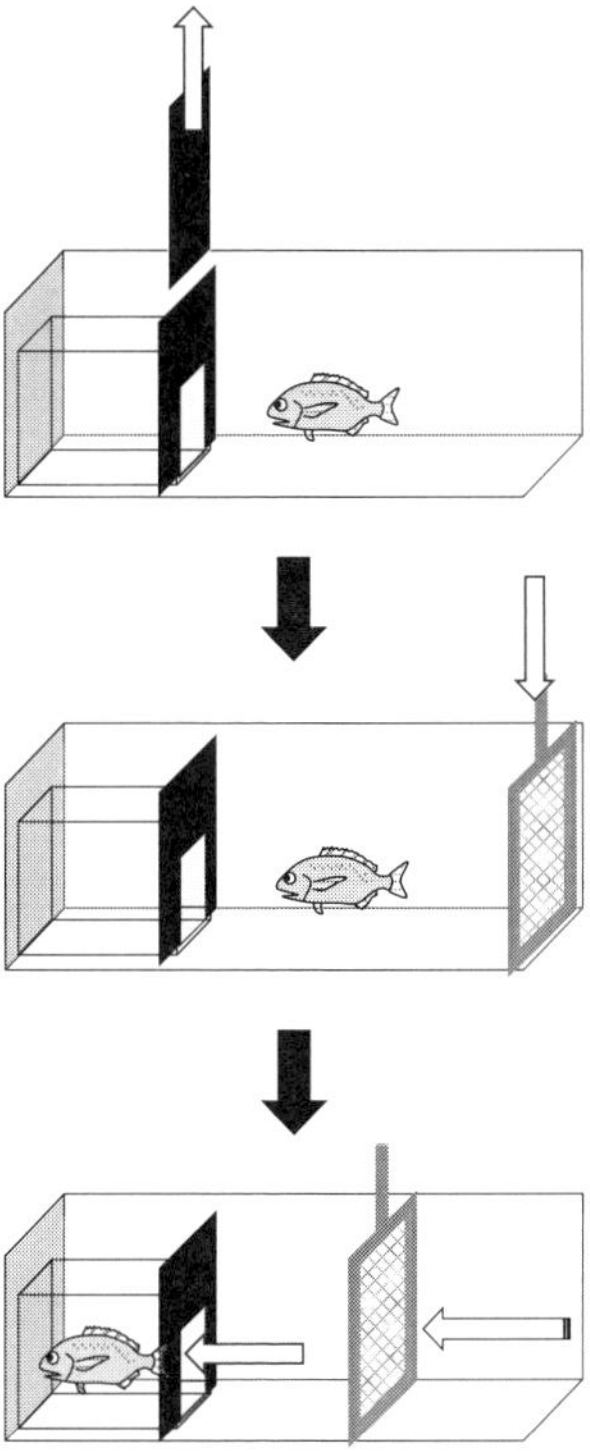

図17　逃避学習の訓練方法

マダイに隠れ家を教える実験では、まず隠れ家入口を塞ぐドアを開けて（上図）、30秒後に隠れ家の反対側に網を導入した（中図）。網を入れてからまた30秒後に網で魚を隠れ家の方に追い込み（下図）、隠れ家に逃げ込むことを訓練した。

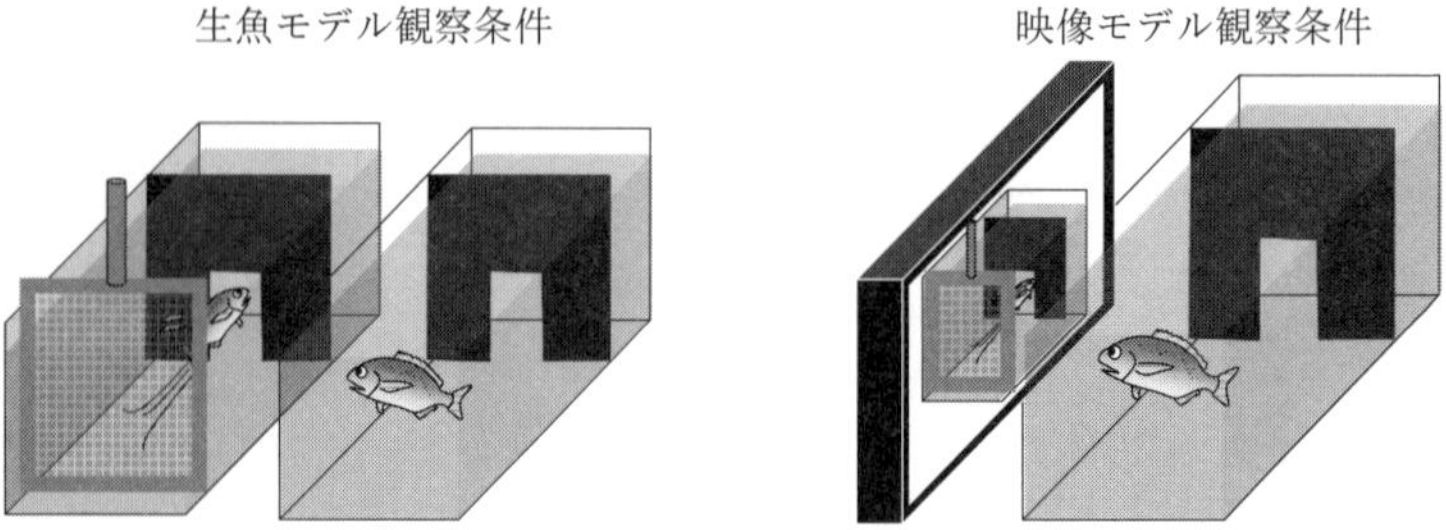

図18　映像モデルからの社会学習実験

生魚モデル観察条件（左）では、隣の水槽のモデルの魚が隠れ家に逃げる様子を観察させた。映像モデル観察条件（右）では、同様の逃げる様子を撮影した映像をモニター越しに再生して、映像内のモデルの行動を観察させた。

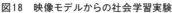

に逃げ込む時間が次第に短くなっている。先行研究の通り、マダイが隠れ家に逃げる行動を学習できるということである。一方で、生魚モデル観察条件の観察魚を見ると、モデルを見ていない非観察魚よりも早く隠れ家に逃避するようになっていくのがわかる。マダイはモデルとなる生きた魚の逃避行動を直接観察すると、隠れ家に逃避する行動の学習が促進されるということである。そして、同様に、映像モデルを見た観察魚についても、対照魚より早く隠れるようになっていた。つまり、マダイは映像を見ても観察学習ができるということになる。

結局、この結果は助成金の報告書の締め切り目前に出せたのだが、無事成し遂げることができてホッとした。そして、「魚も映像を見て学習できるか？」という発案から四年ほど温めてきた研究ネタを検証できたことは、非常に充実感の大きいものだった。はじめは魚に観察学習なんてできるのかと疑いの目で始めた研究であったが、一連の成果を通じてアジやシマアジ、マダイといった食卓でも馴染みのある魚が他者から学ぶという「ヒトっぽい」一面をもっていることを体感して、私の考える魚類心理学としての目的も果たすことができた。

しかし、最初に述べたとおり、魚が映像を見て学習する機会は、彼らの生活の中では通常考えられない。そのため、今回の研究成果は、彼らの生態の理解に役立つことはないかもしれない。しかし、映像を使った観察学習ができるということは、観察学習のメカニズムを探るための手段としては利用できそうだ。たとえば、シマアジの研究では、他個体が食べる様子を見ると、それが代理報酬になって観察魚の学習が成立したが、どのような行動から他者の報酬を認識しているかを探ることは生きた魚を使った実験では細かい実験条件の操作の面で限界がある。また、異なる外見のカワハギがモデルの場合にはシマアジの観察学習が成立しなかったが、外見のどの情報がモデルとして重要なのか、など疑問は多く残っている。しかし、映像で観察学習が成立するということから、たとえば映像を編集したアニメーションなどを用いれば、これらの疑問の解決につながるかもしれない。ひいては、魚類の他者の理解という

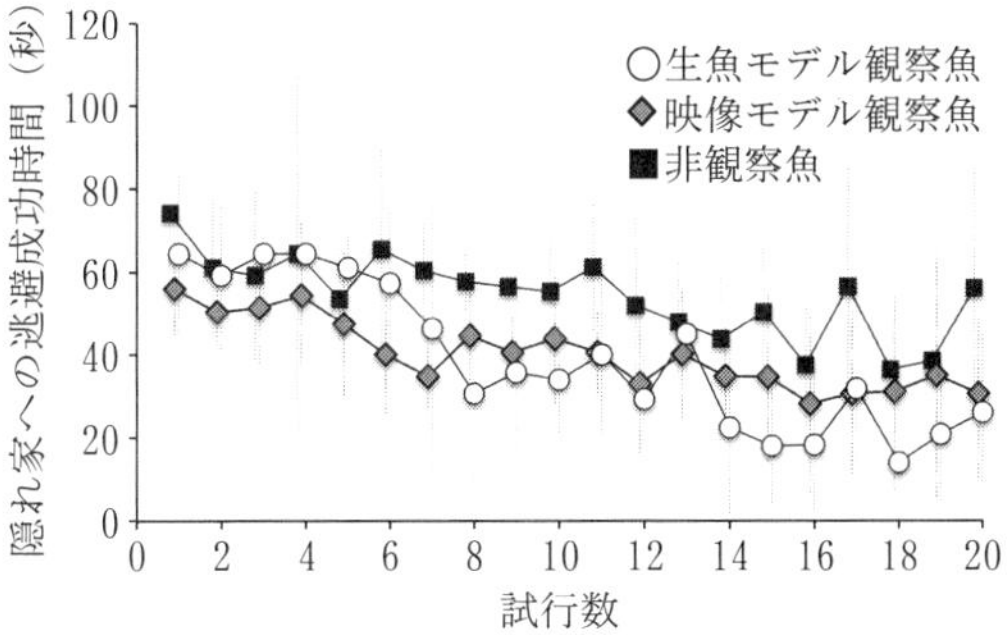

図19　マダイの隠れ家逃避学習の結果

全ての魚は試行数が増えるにつれて逃避成功時間が減少傾向にあるが、生魚・映像モデルの逃避行動を観察していた魚は非観察魚に比べて減少傾向が大きいのがわかる。

さて、ではこの本でとりあげている「魚の学習」はどちらに該当するのだろうか？　もちろん、「魚の行動の中に心を見る」というのが私のモットーなので、個人的な捉え方としては後者になる。つまり、アジが、ある場所で餌を与えられる経験をしてそこに集まるように行動を変えるとき、彼らはそこに餌があることをわかっていると考えるし、マダイが釣られる仲間を見る経験を経て仕掛けを避けるように行動を変化させた場合、彼らが仲間の状況を判断して仕掛けの危険性を理解していると思う。しかし、私の研究で観察された「経験による行動の変化」を見るだけでは、それが連合的な学習なのか認知なのかは判断できない（その点を意識せずに研究をしてきたので当然ではあるが）。だとすれば、この本でとりあげている「経験を通じた魚の行動の変化」から「魚の心」を明らかにするのは妥当ではないのかもしれない。しかし、研究の中で随所に見られる魚たちの振る舞いには「魚の心」を感じずにはいられない。魚の心を探るために、彼らが認知的な捉え方をしていることを明らかにし、魚の本当の気持ちを理解できるよう、さらなる研究を進めていかなければならないと魚類心理学者は思う。

Column 3

連合か？認知か？

この本の主題は、魚の学習である。学習とは経験による行動の変化を意味しており、魚の心理とも関係していると言える。一方で、この学習の定義にある経験を通じた行動の変化は、二つの解釈で捉えることができる。

一つは、連合(association)的な学習だ。これは、動物がある刺激を知覚し、その刺激に対する行動が単に連合されたという考えになる。要は経験によって「刺激―反応」といった単純な系が形成されていくということであり、そのプロセスの神経回路が構築されたということだ。AIにみられるような機械的な学習と同様に、ここには心的な概念を取り込まなくても学習は成立する。もう一つは、認知(cognition)である。認知とは、動物が対象を知覚し、それを判断・理解などすることである。この認知を踏まえて行動の変化を考えると、ある対象を知覚し、経験することで、その対象を理解し、それに適した行動をとるようになる、ということになる。認知のメカニズムの多くは不明ではあるが、動物が理解・判断しているという、ヒトっぽさのある行動の変化だといえよう。そのメカニズムが複雑かつ立証が難しい(本当に理解しているのか判断がつきにくい)ためか、認知を研究対象とする認知科学は基本的にヒトを対象としており、動物の研究にはあまり適用されていないのが現状である。

謎を解き明かす鍵となることも期待される。

今回の研究は、自分が生まれてはじめて自力で編み出したテーマでの研究であった。その後、私が成果を論文として公表する前に、他の研究者が魚が映像モデルから観察学習ができることを示したため、残念ながら「すごい」成果とはならなかった。[6] だが、自らが考えた疑問の答えを自分の手で導くことができたことは、前章の研究よりも大きな報酬を私にもたらした。うまくいかないことも何度もあったが、たまたまその場にあるものを利用するという持ち前の柔軟性（適当さ?・）も大事なのだと思う。そして、元々は一つの「魚はテレビを見て学習するのか」というテーマで始めた研究であったが、当初考えもしていなかったアイデアが次々に生まれて、いくつかの副次的な成果が導かれた。こうした試行錯誤の末に、研究をしていく中では脇道にそれることも大事なのだというもう一つの研究する楽しさの「学習」が進んだのだった。

4章

温室育ちの鍛え方

1 魚の心理学は役に立つのか

私の専門は魚類心理学である。つまり、魚の心を探ることを研究の目的としているわけだが、こんな研究をしているとかなりの割合で言われることがある。それが、「そんなことしてなんか意味があるの?」である。

これに答える前に、まず研究というものの目的について考えてみよう。研究は、大別すると基礎研究と応用研究に分けられる。基礎研究とは、研究成果を直接的に何かに利用することを重視せずに、仮説や理論を検証、構築することを目的とした研究である。一方、応用研究は、人間社会を豊かにすることを目指して、基礎的な知見の実用化をはかるための研究だと言えるだろう。基礎研究がないと応用研究の発展は望めないし、基礎研究から応用研究につなげない限りは、人間社会での意義は深まらない。両者は切っても切れない関係にあるのだ。しかし、研究の世界に携わっていると、意外とこの二つを切り離そうとする研究者が多い。私自身は、基本的には基礎研究が好きだ。たとえば、魚がどんな学習能力をもっていて、それが彼らの生活においてどのように機能しているのか、なんてことは、それだけでは人間社会の発展には何の役にも立たないことは百も承知だが、個人的な知的好奇心がそそられてしまう。ただし、欲張りな私は応用研究に興味がないわけではない。

本質的には知的好奇心にもとづいた研究が好きではあるが、遊び心から生まれたアイデアが人のためになるならば、それは一研究者としてとても嬉しいことである。

この章では、一見すると役に立たない魚類心理学が、考えようによっては人間社会の役に立つ（かもしれない）、という話をしよう。私の研究対象の多くは食べられる魚だ。食用としての価値がある魚を対象とした研究では、やはり水産学への応用的側面を意識したものが多い。私がこれまでに所属してきた研究機関の多くには「水産」の二文字がついており、水産学の研究をするのが使命である。そこでまず水産学とは何かを紹介しよう。

水産学の教科書の一つ『水産海洋ハンドブック』の目次を見てみると、水産学には、魚などの水生生物の生態や水域の環境の動態を知るといった生物・物理環境に関わる生態学も広く含まれることがわかる。[1]しかし、やはり水産生物（主に食用とされる水圏生物）の資源管理や漁業、養殖といった、「水産業」のイメージが強いテーマが主である。これに、水産生物の運搬、食品加工といった水産物の利用や流通、さらには、水産経済や漁業法などの法律まで含んでいる。つまり、水産学とは生物学にとどまらず、産業や食品、経済、政治にまでつながりのあるとても広い学問分野なのである。事実、私も所属している日本水産学会は、年二回の大会を開催する大きな学会であり、多数の参加者でいつも賑わっている。また、経済や政治との関わりから、国がらみの大々的な研究プロジェクトも多く、多額の研究予算が動くことも多い。余談だが、国の機関の研究者や企業の方の出入りも多いため、他の生物系の学会と異なり、スーツの着用者が圧倒的に多いという特徴もある。うっかり普段通りのヨレヨレシャツにサンダルというラフスタイルで参加して、周囲から浮いてしまうことは度々である。

では、そんな大規模な水産学会の中において、魚類心理学の立ち位置はどうなのかというと、間違いなくかなりの変わり種の部類にある。水産学を専門とする研究者の多くは魚に心があるなどとは考えておらず、「おかしなことを言っているな」と思われるようだ。しかし、魚と直接関わりのある研究をしている人の中には、魚に心らしきものを感じている人も一定数いるようで、学会では興味をもってもらえることもしばしばある。

水産学会ではそんな立ち位置の魚類心理学ではあるが、水産学との関係を突き詰めるとなると、やはり魚との生物学的なつながりが直結する漁業や養殖、資源管理がテーマとなる。増養殖や漁業などをおこなう水産現場の多くでは、適切な飼育管理や行動の予測が求められる。たとえば、飼育現場では、魚にとってストレスのない育成環境を用意し、魚たちが好んで食べる餌を与える必要があるし、漁業では、漁獲率の向上のために、魚の好む場所や魚の活性を高める条件を知る必要があるだろう。水産学において、魚類の行動理解・制御を目指した行動学的な研究はこれまでにもなされてきたが、解釈が困難な「心理」という表現は敢えて避けられてきた節がある。しかし、「魚の心理学」という、これまで敬遠されてきたアプローチで水産学へと展開する研究を進めていくことは、従来とは異なる観点から、魚類の行動理解・制御の道をひらく可能性を秘めており、水産学分野において新たな学術的展開をもたらすにちがいない。そんなこんなで最近は、魚類心理学を水産学へと発展させるアプローチを「水産心理学」と称して研究を進めているところである。

2 世間知らずの放流魚

この章では、魚類の心理学について、資源管理に関わる話をしよう。栽培漁業に関する魚類心理学の話だ。近年、環境悪化や過剰な漁獲によって天然の水産資源の多くは減少傾向にある。大きなところでは、マグロやウナギがいなくなるというニュースを聞いたことがある人も多いのではないだろうか。この資源の減少を引き起こす獲り過ぎや環境の悪化は、人間の手で引き起こされる。「たくさん獲りたい」という人の心理で、魚たちがいなくなってしまうのだから、本末転倒な話である。一方で、この資源を人間が管理し、いつまでも魚を獲れるようにしよう、というのが資源管理の大まかな考えである。人間が生活に必要な水産生物の繁殖率や成長や生残を高めて水産資源を増やす試みとして、「養殖」と「増殖」という、よく似た意味合いの言葉がある。養殖は、水産生物を人間の手で生産・管理し、資源を増やすことをいう。いわゆる養殖魚と呼ばれる食用資源を増やすのがこれだ。かたや、増殖とは、天然水域での水産生物の繁殖と成長を助長して、資源を増やすことをいう。自然の中の資源を管理して、いわゆる天然魚を増やすのが増殖なのである。この増殖の手段には、生物の保護や生息環境の保全、漁業規則の制定など多様な取り組みがあるが、人間が直接的におこなう増殖手法の一つに栽培漁業がある。

栽培漁業とは、水槽の中で人の手によって育てた水産生物を海や川などに放流し、天然資源の回復を図ることである（図20）。栽培漁業は、人が作った魚を自然で育てることから、「つくり育てる漁業」とも言われており、世界的に取り組まれている増殖手段である。国内では、数々の魚やエビや貝類などの無脊椎動物を対象として、北は北海道から南は沖縄まで全国各地でおこなわれている。水域に生き物を直接放して増やすという、直接的な効果が期待される方策として、漁業者を主体におこなわれているが、感覚的にもわかりやすいため、子供の自然教育の一環としておこなわれること

図20　栽培漁業の構想の概念図

栽培漁業では、水槽で増やした魚を水域に放流することで、水産資源の増加を図る。しかし、実際にこの効果が得られるとは限らないのが現実だ。

もある。

この栽培漁業は水産資源管理の未来を照らすものとして古くは考えられてきたが、現代ではその問題について指摘されている。たとえば、人為的に大量の魚を放つのだから、放流した魚が元々いる天然の魚の餌や住処を奪う恐れがある。そもそも天然魚を増やしたいという思惑なのに、放流によって天然資源が駆逐されてしまっては、元も子もない。また、放流される生物はそもそもそこにいる生き物を起源としていないことも問題だ。地域に生息している生き物は、同じ魚（種）であっても、それぞれの地域で微妙に異なる固有の遺伝集団となることがある。そのため、もともとその地域に棲む集団に別の遺伝集団の生き物が侵入してくることになれば、乱暴な言い方をすれば外来魚（正確には移入魚という）を放っているのと同じである。つまり、生物の遺伝的多様性を破壊してしまう危険性があるのだ。他にも、誤って病気をもっている魚を放流してしまえば、その病気が天然魚にうつってしまうおそれもある。栽培漁業は、資源管理においては諸刃の剣になりうる行為なのである。このことを理解し、魚たちの本来生息する自然環境に配慮した、環境にやさしい栽培漁業をしなければならない。

栽培漁業が抱えるこれらの懸念を助長する要因として、生物の大量放流がある。規模や魚種によって異なるが、多くの場合、放流される個体数は、数千から数万尾以上にもおよぶことがある。それほど大量の生き物が突然自然環境に入ってくるとなると、元々そこに棲んでいた生物になんらかの影響を与えてしまうことは必然だろう。大量放流の背景には、やはり資源を増やすためにたくさん放流をしたくなるという人の心理がある。「たくさん放流すれば、その分増えるに違いない」という短絡的な考えのもと、大量放流が現在までもおこなわれ続けていると推察される。では、実際にたくさん放流するといいのかというと、必ずしもそういうわけでもなさそうである。放流した魚のうち、漁獲物となった割合（回収率という）は、放流個体数とは相関がないこともしばしばであり、放流すればするほど漁獲物が増えるわけではないようだ。[2] 多くの放流魚は、放流先の環境に生息する外敵に食べられてしまったり、新しい環境で餌を取れなかったり、好適な生息場所を見つけることができなかったりする。その結果、放流魚の多くは、自然環境に順応できず、漁獲される資源になることなく死んでしまうのである。

この「放流魚が自然環境で生き残れない」ことは、魚類心理学に関わってくる。栽培漁業で用いられる魚は、卵から水槽で育てられてきた人工孵化稚魚（人の手で作られた種苗であることから人工種苗と言われる）である。この人工種苗は、生まれてこのかた水槽という環境しか知らずに育った魚なのだ。水槽の中には、共食いの脅威を除くと危険な捕食者は存在しない。また、水槽の中では人が決まった時間に十分な量の配合飼料を与えて飼育するため、餌も容易に獲得できる。自然環境と異なり、生活する環境が急激に変化することもほとんどないし、外敵を避けるために安全な場所を選ぶ必要もない。そんな水槽で育てられた人工種苗たちは、ヒトで言うところの「温室育ち」になってしまうのだ。

一方で、放流先の自然環境は、そういうわけにはいかない。様々な生物が存在している自然環境

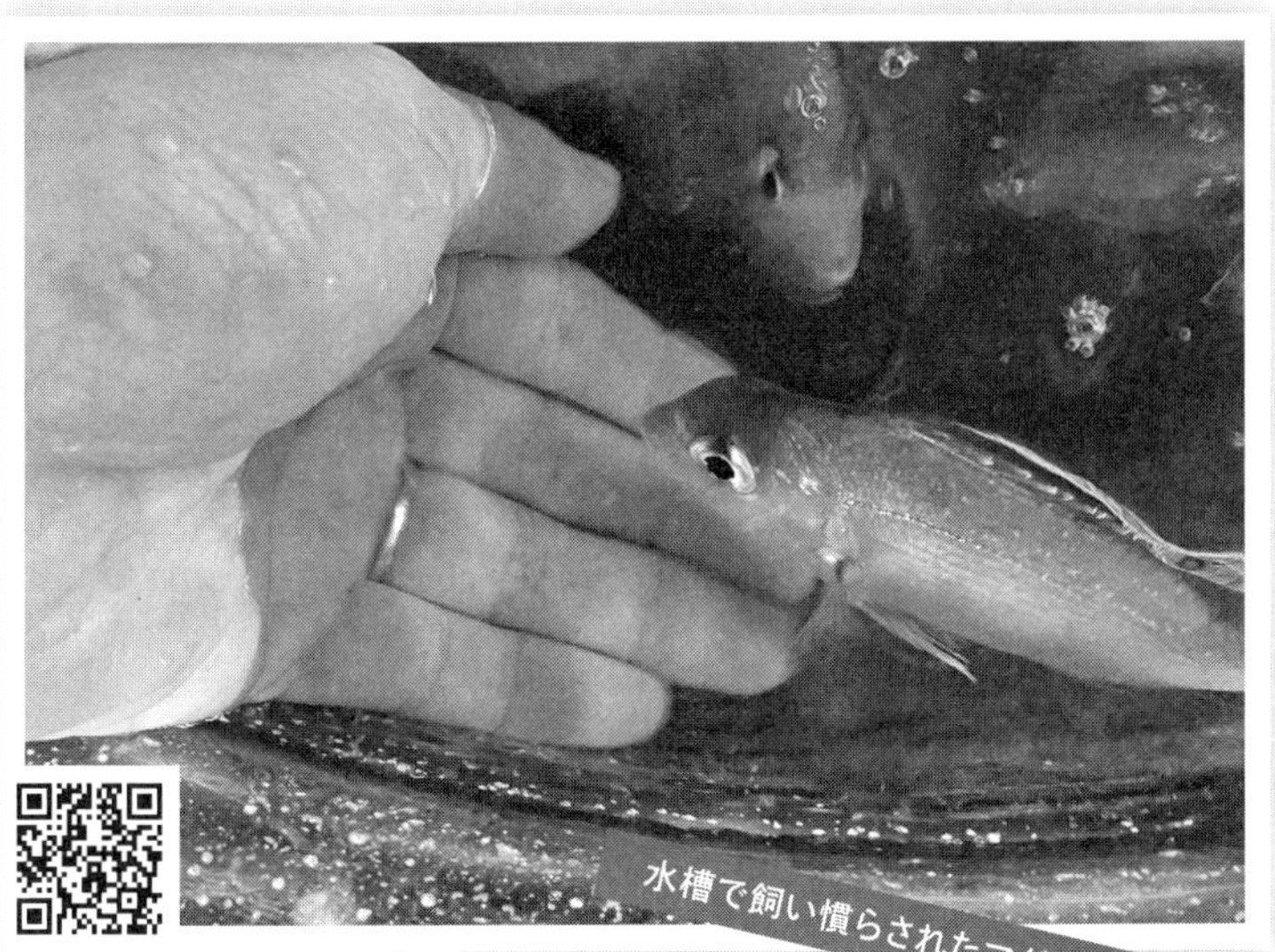

水槽で飼い慣らされたマダイの様子

実験のために2ヶ月ほど私が飼育していたマダイの様子。水槽の中に手を入れると、飼い慣らされた魚は怯えることもなく、手に近づいて突くような仕草さえ見せる。見ている分には可愛いが、こんな魚を放流したらすぐに食べられてしまうだろう。
〈動画URL〉https://youtube.com/shorts/6PI_E5d1I1k

の中には、捕食者となる危険な外敵もたくさんいるのだ。そんな環境の中で人工種苗たちが、見たこともない捕食者に遭遇すると、容易に食べられてしまうことは想像に難くないだろう。実際に水槽で魚を飼ったことのある人の中には、人によく慣れた魚は簡単に網で（ひどい時には手でさえ）捕まえられることをご存じの方もいるだろう。また、飼育環境とは違って放流した先で魚たちが食べる餌は、生き物である。つまり、餌となる生物たちも食べられないために必死に隠れたり逃げたりする。水面からただ落ちてくるだけの配合飼料を食べて育った人工種苗では、自然環境で餌を獲得するために苦労するだろうし、餌のいる場所を探す能力が低ければ見つけることすら難しいかもしれない。

　放流に用いられる人工種苗の何に問題があるのかと考えると、人工種苗が自然環境を知らないということだ。単純に人工種苗がアホだというわけではない。彼らは、安全で餌が勝手に出てくる飼育環境に順応しているのである。生まれてこのかた、大して危険な目にあうこともなく、餌を取る努力もしなければ、怯えて過ごすことも、餌をとるのに努力することもないので、自活能力が低くなるのも仕方ない。だが、これはその魚の問題ではなく、世間で生きることの大変さを学んでこなかったことが問題なのである。つまり、人工種苗が世間知らずの温室育ちなのは、飼育者（＝私）のせいなのだ。世間知らずにならないためには、世の中には怖いことがあることや、欲しい物を得るためには努力しないといけないといった、生活に必要な知恵を教えないといけない。きちんと環境中の危険や餌の取り方を学べれば、過酷な環境でも生き残れるような魚に育つに違いない。これを確かめるために実験をしてみることにした。

3 浮かびがちなヒラメを矯正する

実験にあたり対象魚に何を選ぶのかを考えたとき、真っ先に頭に浮かんだのがヒラメだった。というのは、小学生の時に養殖ヒラメの飼育場を見学した思い出があったからだ。学校から帰ってきたある日、母親が「知り合いが養殖してる魚を見せてくれると言ってるけど、見たい？」と誘ってきた。魚の養殖現場など、普通の小学生はそれほど興味がないだろう。このような提案を突然してくる母親もやはり少し変わっているのかもしれない。しかし、魚大好き少年だった私がこの誘いを断る理由などなかった。

この養殖現場は、栽培漁業で放流する稚魚を飼育しているところであった。私が家で魚を飼育していた水槽とは比べようもないほどの大きな水槽がズラリと並び、それぞれに何千ものヒラメの稚魚が飼われていた。いざ、水槽を覗き込むと、水槽の中のたくさんのヒラメたちは、水中に浮かび上がり、ふらふらと泳いでいる――。その光景を見た当時の私は違和感を覚えた。普段遊んでいる海で何度も見かけていた私の知るヒラメたちは、海底に佇んでじっとしている魚だったからだ。幼心に、「なんでここの魚たちは変な行動をするんだろう？」と不思議に思い、それ以来その疑問はずっと胸の奥にくすぶっていた。

自然界で生きるヒラメは、通常海底付近で生活をしており、無駄に水中を泳ぎ回るようなことはしない。

本来、海底生活に特化したヒラメは底から離れる行動はあまりしないが、水面からの餌やりで育てられた魚は、すぐに水面に上がりたがる。こんなことしていたらすぐに外敵に見つかってしまうだろう。

ヒラメは、高級食材としても知名度が高く、何よりその不思議な形態からご存じの方も多いであろう。魚を上から潰したような平べったい形をして、両目が片側に寄っているという通常の魚とはかなり異なる体をしていることから異体類と呼ばれる魚の一つだ（しかし、実はヒラメを正面から見ると、ただ薄っぺらい魚体に目が片方によっているだけで、よくある魚と体の構造はさほど変わらない）。先ほども言ったとおり、ヒラメはその体付きを活かすように、自然界では、通常海底にへばりつくようにして生活をしている。海の底にある砂の中などに身を潜め、外敵をやり過ごしながら、餌があったら急浮上して捕獲し、また海底に戻る。これが本来のヒラメの行動である。しかし、水槽で飼い慣らされた人工種苗ヒラメは様子が違う。養殖現場で見たように、飼育ヒラメは餌を予期すると水面近くまで浮上し、そのままの体勢で水中を泳ぎ続ける。

この飼育ヒラメが見せる浮上行動は、栽培漁業の研究者の中では、自然環境には適さない異常行動だと考えられている[3]。特に、放流に用いられるサイズの稚魚期のヒラメは、自然環境下では主に底生の小型甲殻類などを餌としているため、海底で餌を探す方が効率的であろう。また、捕食者が多く存在する自然環境では、浮上し続けていると周りから目立ってしまうため、外敵に食べられる危険性が高くなる。放流に用いる魚の行動様式としては、まったく望ましくない行動なのである。ではこの極端な浮上行動を起こさせないようにするにはどうすればよいのだろうか。飼育ヒラメがこのような極端な浮上行動を起こす心理を想像してみよう。

飼育されているヒラメは、普通は水上から餌を与えられて育つ。このような飼育環境では、水槽の底でうかうかしていたら他の魚に餌を取られてしまう。なので、餌のある水面近くまで浮上して餌を取りに行くほうが、効率的に餌を取れるかもしれない。一方で、自然界のヒラメは外敵にみつかりにくくするために海底にいるわけだが、外敵に襲われることのない水槽では、底に身を潜める必要はない。浮上し続けることのデメリットが少ない飼育環境では、餌を獲得するためにこの浮上行動をとらない理由がないだろう。彼らの生きる水槽世界では、むしろ浮上し続ける方が理に適っているので、浮上行動がより起こりやすくなったのだと推察される。つまり、水槽という「餌が上から落ちてきて」「危険がない」環境を経験して、この浮上行動が増えるような心理が生まれていたのではないかと考えられる。

この仮説が正しいとすると、飼育ヒラメが生活する時の経験を変えることで浮上行動を減らせるかもしれない。たとえば、海底に餌がある経験をすれば浮上する必要がないだろう。また、海中に危険が存在することを経験すれば不用心な浮上も減るかもしれない。つまり、水槽で飼育されたヒラメたちに、餌の場所や危険を教えるということだ。この仮説を検証するため、ヒラメの飼育環境の操作実験をしてみた。

今回の実験では、水槽で卵から育てた人工種苗のヒラメが必要になる。人工種苗の育成には、マアジでの苦い思い出があるため、あまり気が進まなかった。しかし、今回の実験では、餌を人の手で与えられ続け、生まれてこのかた外敵の危険にさらされてこなかった温室育ちの魚を使うのが必須である。不安な気持ちを抱えながらも、またワムシの培養から始めることとした。実際に飼育を始めていくと思いの外スムーズである。順調にヒラメの子供たちは成長していった。というのも、ヒラメは栽培漁業で最もポピュラーな魚種であるので、その人工種苗の生産技術は確立されていたのである。といっても、やはり朝晩の仔魚の世話は大変ではあるのだが、マアジの時のように神経をすり減らすこともなく飼育を続けること数ヶ月、ようやく実験に使う一〇センチほどの魚にまで育てることができた。さあ、実験の開始である。

今回の実験では、砂を敷いた実験水槽に一〇匹の魚を移して、異なる三つの条件で飼育をすることにした（図21）。一つ目の飼育条件は、飼育水槽の水面から餌を与えて飼育する水面給餌条件である。一般家庭で魚を飼うときと同じように、ただ水槽の上から餌を撒いて魚に餌を与えるだけである。この環境は、ヒラメにとって餌は水の上から落ちてきて、特に怖いものもいない、いわゆる対

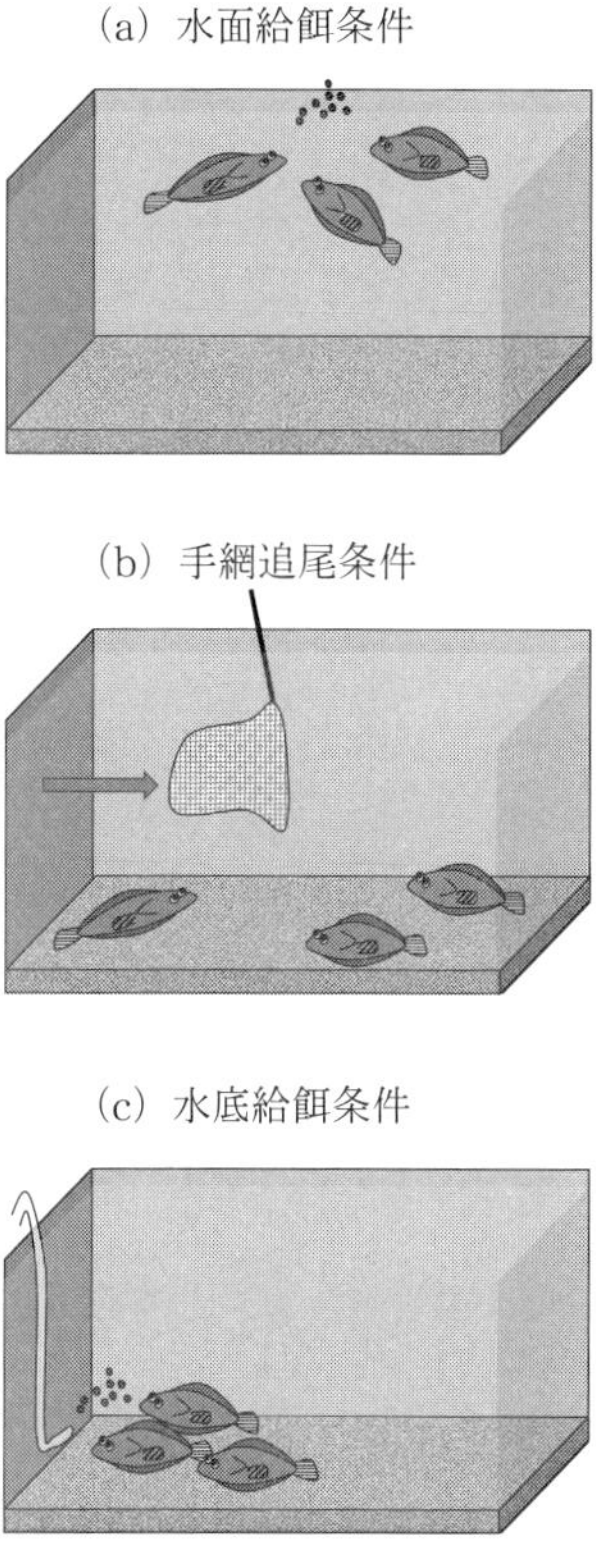

図21　ヒラメの行動改善のための飼育処理

水面給餌条件(a)は、通常の飼育現場と同様の餌を水上から与える操作を施した。手網追尾条件(b)では、水槽の中層を網で追いかけ回す操作を日常的に行い、水中に危険が存在する経験をさせた。水底給餌条件(c)では、餌を水槽の底付近から与えることで、餌が底に存在する環境で飼育した。

照区の条件になる。二つ目の条件は、餌は通常飼育と同様に水面から与えるが、朝と夕方の餌を与えていない時間に、水槽の中を網で追いかけ回す操作を加えた（手網追尾条件）。この網の追いかけ操作は、水槽底の砂の上五センチメートルくらいのところまでとなるようにした。このような追尾操作をすると、ヒラメたちは、底の砂の方に逃げ込まないと追いかけられ続けることになる。そして、この操作をすることで、水槽の中に怖いものがあり、その脅威から逃げないといけないという経験をヒラメにさせることになる。三つ目の条件では、網の追いかけ操作はせずに、餌を水槽の底の方から与えて飼育した（水底給餌条件）。水槽の底付近にチューブを設置して、それを数メートルほど伸ばして、伸ばした先から餌と海水を流す。すると、餌は水槽の底から出てくるようになるので、ヒラメは常に餌を水槽の底で取るようになる。ヒラメに餌を獲得する経験を水面ではなく水底でさせるということだ。

どれくらいの期間、条件を設定するべきなのかわからないので、とりあえずそれぞれの条件の水槽で二週間飼育してみることにした。魚にとって、二週間というのが長いのか短いのか定かではないが、少なくとも私が二週間毎日同じご飯が続いたり、怒られ続けたりしたら、自分の行動に少なからず影響するだろう。なので、二週間継続して、それぞれの条件を教え込む訓練をした。それぞれの条件が浮上行動におよぼす影響を調べるためには、各条件での飼育を始める前と後での行動を見比べる必要がある。そこで、訓練を開始する前日と訓練期間を終えた翌日のヒラメの行動をビデオカメラで撮影して、映像から行動を観察した。この観察時には、全ての条件で水面から餌を与えて、上から落ちてくる餌に対する反応が二週間の経験でどう変化するのかを見てみた。

さて、ここまで説明してきたので、なんとなく予想できるかもしれないが、結果に移ろう（図22）。まず、普通に餌を与えてきた水面給餌条件で飼育した魚は、餌を与えたときの浮上回数や水中で浮上している時間が、条件を開始する前と比べて二週間後には増えていた。予想通り、水面で餌を食べる経験をしたヒラメは、通常の飼育環境で見られるように、その浮上行動が促進されるようになったということである。一方で、網で追いかけ回されていた手網追尾条件の魚では、条件の前後で浮上行動の増加は見られなかった。また、水底から餌を与えて飼育した水底給餌条件の魚では、むしろ浮上行動が減少する傾向が見られた。これは期待していた通りの結果である。これらの実験から、ヒラメは水槽内を網で追いかけられる経験や水底で餌を取る経験をすることで、浮上行動が抑えられることが明らかになった。つまり、飼育環境の操作を加えることで、「水中に怖いものがある」あるいは「水底に餌がある」ということを覚えて、「餌を求めて浮き上がる」という飼育ヒ

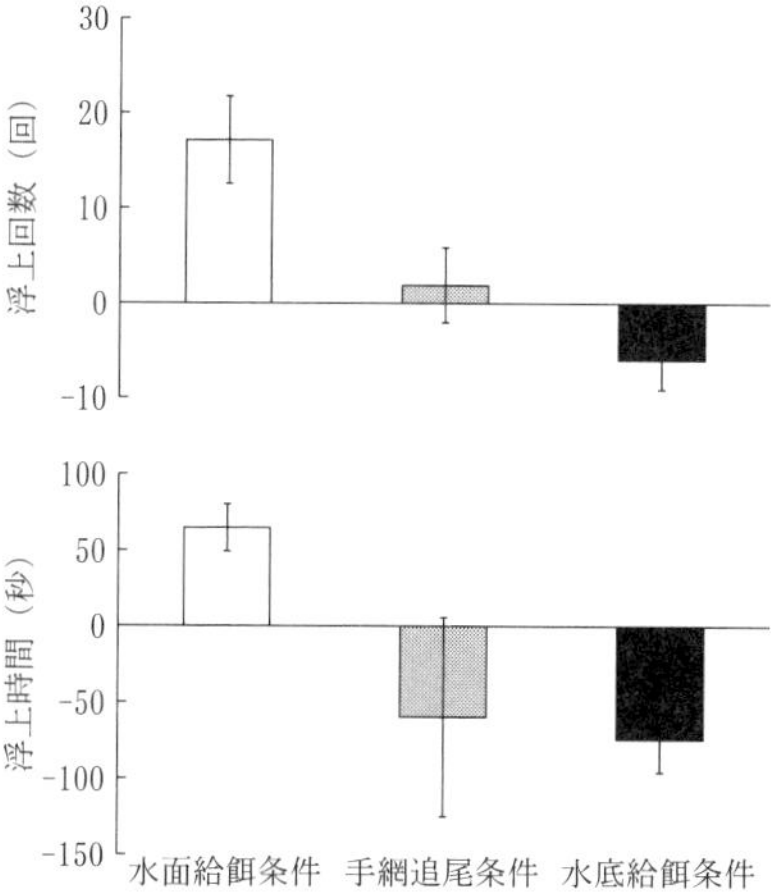

図22　2週間の飼育条件前後でのヒラメの離底行動増加量の結果

各条件を始める前と後の変化量を見ると、浮上回数(a)、浮上時間(b)ともに、通常の飼育である水面給餌では増加していた。一方で、追尾操作や水底給餌の条件では浮上行動が抑えられている。

ラメに特有な行動を変えられることになる。ちょっとした飼い方一つで、魚に望ましい習慣を身につけさせることができるのだ。

飼育条件のちょっとした操作で与えた経験によって、行動を改善できるというのはなんとも面白い。先ほど述べたとおり、このヒラメの浮上行動は、自然環境下では不適切な行動といえるのだが、ヒラメたちは棲んでいる環境中の餌が取れる場所や危険の存在を覚えることで、自然環境に適した行動をとるように学習するということである。放流する魚にあらかじめこのような訓練をすれば、栽培漁業の効率を高められるかもしれない。実は、学習を利用して放流する魚の行動を改善するという試みは、これまでにも世界的に注目され、多くの研究がされている。[4] よくあるものでは、放流の前に自然環境に存在する捕食者の匂いなどを危険なものとして魚に覚えさせて、危険な情報を避けられるように訓練するといった研究がある。[5] 他にも、自然環境の中で隠れ家として利用できる構造物に慣れさせることで、放流後の隠れる場所を教えるといった研究もある。[6] これらの研究は、特定の外敵のことを覚えさせたり、ある場所に逃げ込むことを訓練したりすることで、生き残りやすくなるようにしようという試みである。しかし、放流した先の自然環境には、様々な外敵が存在するし、放流前に訓練した安全な場所が都合よくあるとは限らない。放流魚の行動を適切にしつけるためには、特定の情報だけを学習するのでは不十分かもしれないのだ。一方で、今回の実験で用いた訓練は、特定の危険や安全な場所を学習する方法とは違い、水中に網のような危険があることや、餌が底の方にあるということ、すなわち魚が生息している環境を学習するものである。そのような環境自体を学習することで魚の危険に対する意識や餌の取り方といった行動の特性そのものを変えることができた。このような学習を利用して、魚自身の性質を自然環境に適したものに変えることで、多様な外敵や餌に対応させることができるかもしれない。学習を利用することで、温室育ちの魚の「性格」を変えられるかもしれないのだ。

4 網で追いかけ、マダイを鍛える

ヒラメでの実験成果が思惑通りに得られて満足した私は、その後しばらく、水産学的な興味から離れて他の趣味的な研究に没頭していた。しかし、自由に研究ができる学生生活にも終わりはある。やがて博士課程三年になり、これまでの研究成果をまとめた学位論文を書くことになった。学位論文とは、大学院でおこなってきた研究をまとめる、まさに大学院生の集大成の論文となる。これまでの研究成果を見返してみると、私の研究の大半は、基礎生物学的な研究、悪く言えば趣味的な研究であることに気づいた。随分と好き勝手に研究をしてきたようである。人間社会に貢献する、いわゆる実学的な研究となると、このヒラメの研究しかなかった。はじめに言った通り、研究というのは、基礎科学と応用科学のつながりによって、はじめて人のために役立つ研究となるのである。その応用科学的な研究が少ないということは、自分は人の役に立つことをしていないということになってしまう。魚類心理学で人類に貢献するのなら、もっと人のためになることをしないといけないな、と思い立ち、ヒラメの研究について、より深く考えてみることにした。

ヒラメの行動を改善するという研究は、「浮上行動の改善」というヒラメの飼育魚に特化したものであった。ヒラメは日本の栽培漁業ではトップクラスの重要魚種とはいえ、所詮は異体類に限定された現象にすぎない。より水産学への貢献を目指すのであれば、ヒラメだけでなく、他の魚にも応用できる技術を開発したい。そこでヒラメの研究でおこなった網で追いかける操作（追尾処理）に注目して考えてみた。網に追いかけられて浮上行動が抑制されるというのは、要は魚が危険を知ることで、彼らの警戒心が高められるということだと言える。飼育魚の警戒心の低さは、何もヒラメに限った話ではない。放流魚の警戒心が低いことで未知の外敵に容易に食べられてしまうといった問題は、栽培漁業で放流されている多くの魚に想定されることである。もしヒラメ以外の魚でも警戒心を高められれば、放流魚の訓練方法として利用価値が一段と高まるかもしれない。

続いての実験では、マダイを用いて研究をおこなうことにした。マダイは日本の栽培漁業においてヒラメと肩を並べる重要魚種であり、各地でさかんに放流がおこなわれている。そんなマダイではやはり栽培漁業の研究は多くされており、たとえば、自然環境下で生活する天然魚と比べて、飼育魚は警戒行動が少なくなるという報告がある。[7] ヒラメほど顕著な異常行動は見られないにしても、やはりマダイの放流魚も行動の改善が求められる。

先ほどと同様に、今回の実験も、実験魚の飼育経験を合わせるため、卵から育てる人工孵化させたマダイを育てる必要があった。しかしマダイもまた、生産技術が確立されており、飼育が簡単な魚種である。さらに、修士から飼育歴が五年にもなる博士三年の私にとっては、マダイの人工孵化稚魚の飼育などもはやハードルですらなかった。魚に学習させる研究をしていく中で、私も魚の飼育方法を学習しているのである。とはいっても、やはりそこそこ大変な飼育作業を数ヶ月経て、実験魚を手に入れることができた。

手網追尾処理の様子

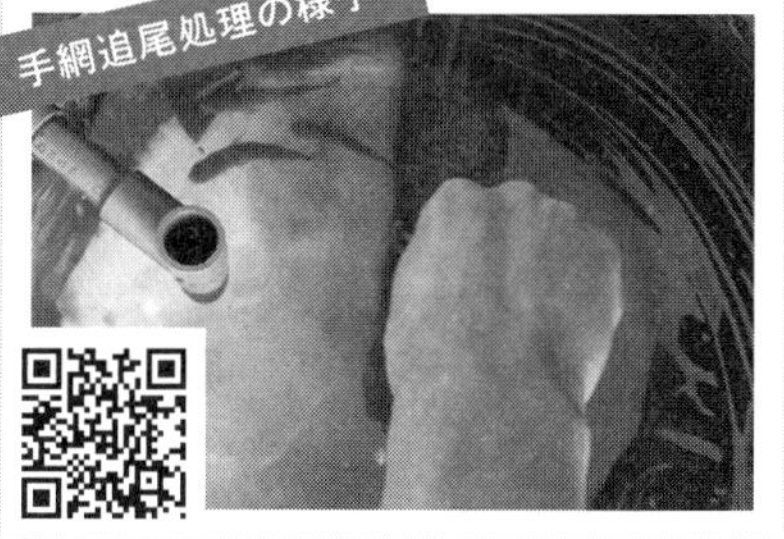

水槽内を網で追いかけ回すことで、魚に恐怖経験をさせる。このような簡単な処理で魚の性格は変わるのだろうか。

〈動画URL〉

https://youtube.com/shorts/4YKLxDJFGxk

稚魚になるまで育てて、いわゆる飼育魚となった魚を使って、ヒラメと同様の網で追いかけまわす追尾処理実験をおこなうことにした。これを毎日（操作は一日二回）繰り返すことで、魚に日常的に脅威を経験させるわけである。この追尾処理は、水槽の中をただ網で追いかけ回すだけなので、とても簡単に魚に脅威を与えることができる。また、柔らかい素材の網で追い回すだけなので、魚に怪我を負わせることもなく、飼育現場にも適用しやすい。一つ難点があるとするなら、魚をイジメているような操作が少々心苦しいくらいか。ただ、追いかけられる魚もアホではないので、わりとすぐに逃げ場所を見つけて隠れるようになる。実験で用いた水槽は、飼育水槽の水質を保つため、海水をかけ流しているのだが、排水の部分には魚が流れ出てしまわないようにアンドンネットというネットをとりつけていた。網で追いかけられた魚にとって、ネットと水槽の間にできる狭い隙間は逃げ場所の機能を果たしていた。最初、網で追いかけ回すと、魚はなかなか逃げ場所に辿り着けず追いかけられ続けるのだが、数日もすると、網が動くとすぐにアンドンネットの隙間に逃げ込むようになった。今回の実験では、追いかける時間を二分間と設定していたため、魚がすでに隠れていても網で追いかけ回す必要があった。魚が逃げ込むようになった以降は、魚が逃げ込んだ水槽の中をただ二分間ひたすらに見えない魚を追いかけ回し続けることになる。ハタから見るとさぞ滑稽な実験であろう。

追尾処理の効果を確かめるための、追いかけをしない通常飼育の対照区も設けて、今回は処理期間を三週間おこなうことにした。また、ヒラメの実験では、処理をおこなった翌日に行動を評価していたのだが、処理の効果はある程度持続しないと意味がないとも考えられる。そこで、今回は追尾処理の効果である行動の変化が一時的なものではないことを確かめるため、三週間の追尾処理期間のあと一週間の飼育期間を設けた。ようするに、脅威を経験して変化した行動特性がある程度持続するかどうかを評価することとした。実は、実験を開始した当初は、追尾処理期間をヒラメと同じ二週間として計画していた。しかし、このときちょうど学位論文の提出期限が差し迫っていた。簡単な追尾処理以外の作業はどうしてもできない状況であったため、やむなく期間を延長することにしたのはここだけの話である。

今回の行動評価の目的は、追尾処理をおこなうことで魚の警戒心が高くなるかどうかを測ることである。そこで、追尾処理区と通常の飼育をした対照区での行動の違いを調べる逃避テストをやってみることにした（図23）。処理水槽から一匹の魚を取り出して、実験水槽の馴致区画に導入する。この馴致区画には抜け穴があり、実験水槽に慣れた魚は区画の外（オープンエリア）に出てくるように

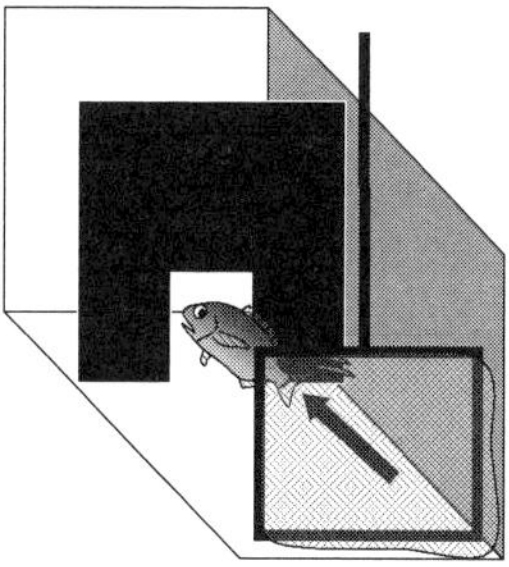

図23　マダイの逃避行動テスト

オープンエリアに出ている魚に追尾処理時とは形や大きさが異なる網を提示して、狭いエリアへの逃避が起こるかどうかを測定する。これによって、魚の警戒反応の表れやすさがわかる。

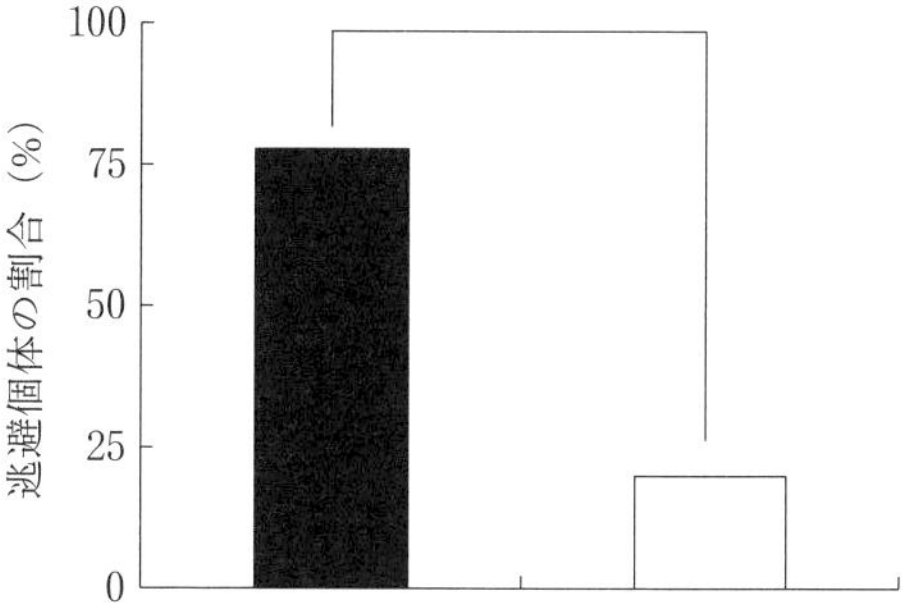

図24　逃避テストの結果

追尾処理を受けていた魚は、対照区の魚よりも逃避行動が多くみられ、警戒心が向上していることがわかる。

なる。一時間の馴致期間を設けて、馴致区画の外に出ている魚に対して、突然見たことのない網（この網は追尾処理時のものと形、色、大きさが異なる）を水槽の中に入れて驚かし、この脅威を受けた時に抜け穴を通って馴致区画に逃げ込むかどうかを調べた。つまり、見知らぬものに対する警戒心が高ければ、未知のものが現れたときに素早く穴の中に逃げ込むだろうと考えたわけである。

早速結果を見てみよう（図24）。この逃避テストでは、未知のものに対する逃避反応を調べたわけだが、追尾処理を経験した魚は、追いかけられる経験をしていない対照区の魚よりも隠れ家に逃げる個体の割合が高くなっていた。つまり、日常生活の中で脅威から逃げる経験を頻繁にしていた魚は、警戒心が高くなっているということである。これは、先に紹介した、追尾処理したヒラメの不用心な浮上行動が減ったという実験と同様の結果だ。[8] マダイにおいても、普段の飼育時に脅威にさらされる経験をしていると、やはり警戒心を高くすることができるようである。繰り返しになるが、警戒心を高めるということは、温室育ちの放流魚の行動改善において極めて有効な訓練だと考えられる。放流先には見知らぬ外敵がたくさんいるわけだが、警戒心自体が高くなれば、あらゆる危険に対応した行動（つまり逃避）をとることができる。追尾処理による訓練は、ヒラメやマダイといった形態や行動が大きく異なる魚で同様の効果を見せることから、多様な魚種の行動改善に役立てられるのではないかと考えている。

一方で、今回の実験では、馴致区画に入れた魚がそこから出てくるまでの時間も測定していた（図25）。というのも、これには一つの仮説があったからだ。先ほど、追尾処理をしている時の魚の様子について、数日の処理をした後の魚は、処理水槽に網を入れるとすぐに隠れ家となるアンドンネットに逃げ込むという話をした。これはつまり警戒心が高くなっているということであり、先ほどの実験結果からもうかがえる。このあと魚が隠れていて見えない水槽を二分間追いかけ回すわけだが、二分追いかけた後に網を取り出しても、隠れていた魚は、訓練のはじめのうちはなかなか出てこな

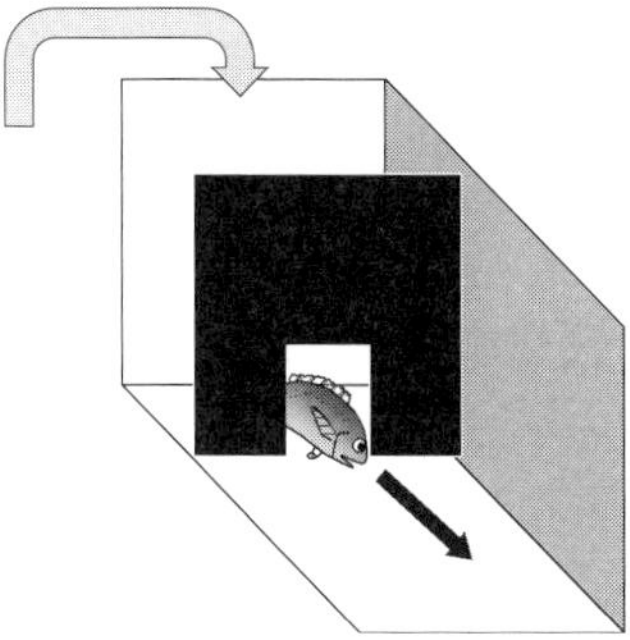

図25　マダイの脱出テスト

飼育水槽から捕獲した魚を、実験水槽の狭い区画にいれて、狭いエリアからオープンなエリアに出てくる時間を測定する。これによって、魚が恐怖状態から通常状態への立ち直りやすさを測ることができる。

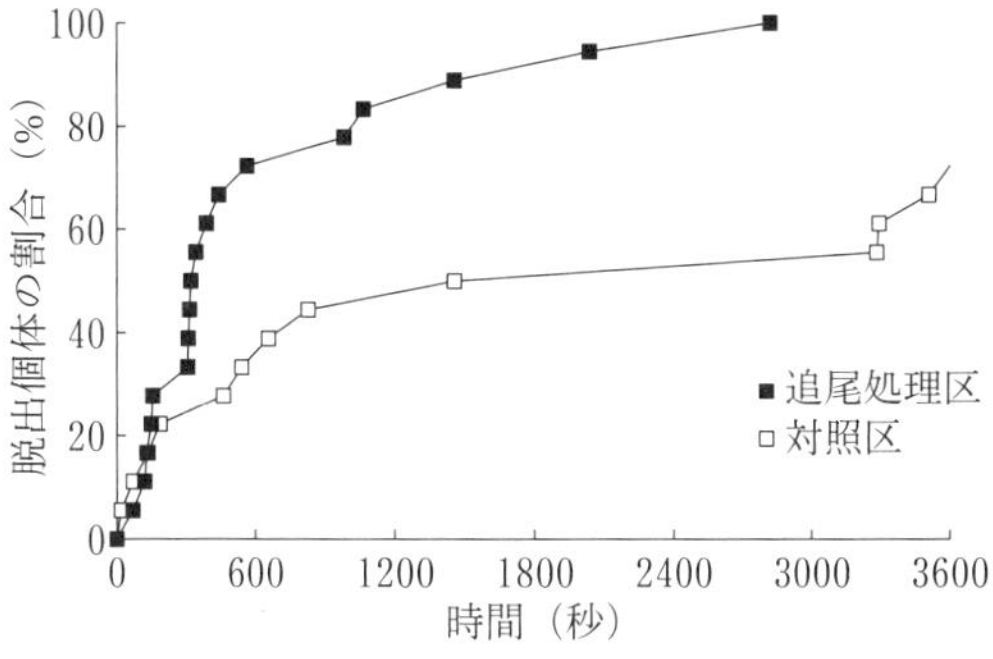

図26　脱出テストの結果

水槽で網に追いかけられる経験をしていた魚は、対照区よりも早く脱出しているのがわかる。つまり、日常的なストレスによって、恐怖状態からの立ち直りが早くなるということだ。

い。しかし、数日の処理を繰り返していると、次第に魚は網を取り出すとすぐに隠れ家から出てくるようになり、普段通りに泳ぐ様子が確認されていた。この追尾処理の期間に見られた観察から、日常的に脅威を受けていた魚は、脅威がなくなると通常の行動に早く戻れる、つまり立ち直りが早くなるのではないか、という仮説が生まれていた。

この仮説を検証するために、実験時の馴致区画から出てくる時間を追尾処理区と対照区で比較してみた（図26）。

新しい環境に突然入れられた魚は、怯えた様子をみせてなかなかオープンなエリアに出てこなくなるが、追尾処理をすると…

すると、この脱出テストでは、追尾処理区の魚は通常飼育をしていた魚よりも、馴致区画に入れられた後に、そこから早く出てくるという結果であった。この結果について、魚の気持ちになって考えてみよう。この脱出テストでは、魚たちはもともと生活していた水槽から突然網ですくわれて、今までに見たこともない水槽の狭い場所に入れられるという状況に陥ることになる。つまり、訳もわからず急に不安に陥った状態と想定できる。ヒトであっても、突然見知らぬところに放り出されたら、不安を感じて、まずは見慣れない状況を警戒してその場から動かなくなるだろう（なかなかそういう経験はないだろうが）。そんな状況において、普段から追尾処理で脅威を受けていた魚は、割と早く普段通りの行動を見せていたので、この恐ろしい状況にもすぐに慣れるのだと考えられる。つまり、日常的に脅威を受けていると、このような不安状態からの立ち直りが早くなるということだ。

　これを踏まえて、もう少し考えてみよう。網で追いかけられるという経験は、脅威を受けると同時に、魚にとってストレスを受ける経験であったと解釈できる。追尾処理区の魚は、普段から軽度のストレスを受けて育っていたということになる。このような、日常的なストレス経験によってストレス自体に対する耐性がついて、見知らぬ状況でも立ち直りが早くなっていたのかもしれない。そのことを調べるために、もう一つ実験をしてみた。

　魚はストレスを受けると餌を食べなくなることがある。魚を飼育したことがある人であれば、新しく手に入れた魚を水槽に入れると、その魚がしばらく餌を食べないのを観察したことがある人も多いだろう。これは、環境の変化に対するストレスからみられる現象だと考えられる。ヒトでも、嫌な思いをしてストレスを感じると食欲がなくなることがあるが、これもストレスを受けた魚と同じような心境かもしれない。これを利用して、追尾処理区の魚のストレス耐性が高くなっているかどうかを調べてみた。魚を網ですくって新しい水槽に移動させるという環境変化ストレスを与えた後に、餌を与えて食べるかどうかを見ることで、マダイのストレスに対する耐性をテストした（図27）。すると、移動ストレスの後に餌を食べた魚の割合は、飼育時に毎日追いかけられるストレスを受けていた魚の方が通常飼育の魚よりも高くなっていた。ストレスを受けた後でも餌を食べる魚が多いということは、追尾処理の魚はストレスに対する耐性が高くなっていると考えられる。

　このストレス耐性の向上は、放流魚の訓練として重要なものかもしれない。というのも、放流の

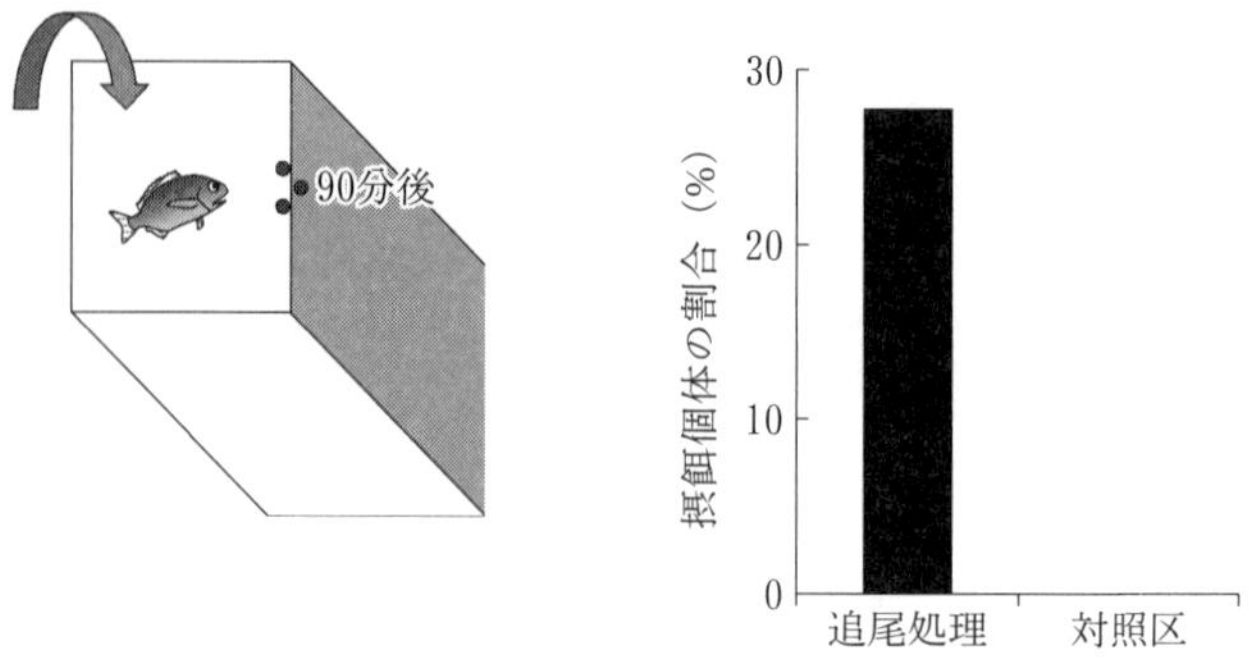

図27　マダイの摂餌テスト

水槽から網ですくった魚を新しい水槽に移動させるというストレスを与え、その90分後に餌を食べるかどうかを確かめる。通常飼育をしていた魚では水槽移動のストレスによって餌を食べる個体はいなかったが、追尾経験をしていた魚では3割近くの個体が餌を食べていた。

プロセスは魚にとって大きなストレスとなるからだ。飼育魚が棲む水槽は、通常はとても安定した環境である。しかし、放流の過程では、魚は飼育水槽の中から網ですくいあげられ、狭い水槽に入れられて、車で長時間揺られて放流環境まで輸送され、見たこともない環境に放り出されることになる。こう考えると、放流は魚にとって途方もないストレスとなることが想像できる。実際に、放流された魚は、放流に伴うストレスの影響か、放流後しばらく餌を食べないという話もある[9]。つまり、放流される魚が生き延びるためには、未知の脅威に対する警戒心が強い必要があるだけでなく、環境の変化にともなうストレスにも強くなる必要がある。追尾処理によって危険への警戒心を高めつつ、不安状況からの立ち直りが早いストレス耐性の高い魚を訓練できれば、放流魚の生き残りを高めることにもきっと役立つだろう。

今回の実験結果をまとめてみよう。逃避テストでは、処理水槽で網に追いかけられていた魚は、ちょっとしたものに対しても素早く反応し、逃げる様子が見られた。つまり、日常的に脅威を経験していることで、警戒心が高くなるということである。このような現象は、ヒトの生活の中でも頻繁に見られると思う。たとえば、子供がよく親に怒られる経験をしていると、ちょっとした親の仕草から怒られることを警戒してビクビクするようになることがあるだろう。これは怖いものを経験したことに対する鋭敏化という現象に近い。鋭敏化というのは、ある刺激を経験することで、ちょっとしたことにも敏感に反応するようになる現象である。怖い映画を見ているときに、携帯電話が鳴るとビクッとしてしまうようなもので、ヒトだけでなくいろいろな動物で見られる。ただ、今回のマダイの警戒心の変化は、処理の一週間後にも持続していたことから、いわゆる鋭敏化とは少し異なる。言うなれば、危険な経験に対する魚の警戒心の変化と言えるかもしれない。

また、馴致区画から出る時間を測定した脱出テストやストレスを与えた時の摂餌テストでは、追尾処理のマダイは不安状態からの立ち直りが早く、ストレスに対する耐性が高くなっていた。二分間網に追われるという割と軽めなストレスを日頃から受けているだけで、どうやらマダイのストレス耐性が高くなるということらしい。マダイで見られるこの心理の変化は、ヒト社会でも似たようなことがある気がする。たとえば、毎日先生に怒られるという経験をしていると、ちょっとくらい怒られても気にしなくなるかもしれない。また、仕事で頻繁にプレゼンをしないといけないというストレスを受けていると、プレゼンのストレスに慣れてくることもあるだろう。嫌な思いやストレうになっていた。つまり、自分が元いた環境を好んで選択するということである。魚を放流する前に、放流先に利用しやすい好適な環境を教えておけば、魚たちは速やかにその場を選択できるようになるだろう。

この実験では、元いた水槽から取り出してすぐに環境の選択を調べていたので、直近のいた場所を選んでいただけかもしれない。そこで、先ほどの実験をした魚を、構造物がなにもない水槽でしばらく飼育して、この環境に対する好みが持続するかどうかを調べてみた。30日間、何もない水槽で飼育した後に同じ実験をしてみると、やはり人工海藻の魚は人工海藻を、砂場で育った魚は砂場を選択していた。つまり、魚は幼少期に育った環境を好むようになるということである。

なぜこのような学習が起きるのか、メカニズムを明らかにすることは難しいが、私は魚たちが自分の生まれ育った環境に対して愛着をもつようになったのだと考えている。環境に限らず、魚は身近にいる仲間に愛着(親密さfamiliarity)をもつようになることは報告されており、この考えはそれほど間違ってはいないと思う。ヒトが故郷に思いを馳せるように、魚もまた生まれ育った場を愛するのではないか——と、また魚心を見出してしまった。

Column 4

マダイのノスタルジー

本文で紹介した追尾処理による訓練以外にも魚の行動特性を訓練する研究をおこなったので、紹介しよう。

放流される人工種苗は、通常何もない水槽の中で育つ。しかし、放流先の環境には、岩場や海藻などの構造物が無数に存在しており、隠れ家や餌を見つける場所として、これらの構造物をうまく利用する必要が彼らにはある。この無数の構造物の中から、放流魚たちが速やかに適した環境を選択できるようになれば、生き残る上でもきっと良いことであろう。そこで、特定の構造物を選択するような魚を作れないかと実験をしてみた。

実験は、人工孵化させたマダイを用いた。自然環境下でのマダイは、アジと同じようにしばらく漂流生活を送るが、体長1cmくらいになると海底に移動(着底という)する。そして、たどり着いた環境の中から良い場所を選び、そこを生息圏として成長していく。そこで、着底をする前の稚魚を構造物環境だけが異なる水槽でしばらく飼育するという処理を施した。一つは、水槽の底に人工海藻を敷き詰め、もう一つは砂を敷き詰めた。これらの水槽環境の中では十分な餌を与えて、40日間飼育したのちに魚を取り出して、人工海藻と砂のある水槽に移して、どちらの構造物を選ぶのかを調べてみた。すると、期待通り人工海藻の中で育った魚は人工海藻を、砂場で育った魚は砂場を選ぶよスを普段から経験していると、このような状況でもすぐに普段通りにふるまえるようになるということである。これは怖い経験に対する慣れ（馴化）と言えるのかもしれない。慣れは、ある刺激の繰り返しによって、その刺激に対する反応が低下していくという学習の一つであり、これまたヒトを含む多くの動物で確認されている。ただし、慣れは通常同一の刺激に対しての行動の変化である。今回の実験では追尾処理で受ける脅威からくるストレスと各テストで受けるストレス状況は性質的に異なるものであるため、これもまたいわゆる慣れとは違う現象だと言える。言うなれば、軽微なストレス経験によるストレス耐性の獲得、というのが一番しっくりした表現だと思っている。

この一連の結果から追尾処理によって作られる魚の性質をまとめると、「警戒心が高く、不安やストレスに強い魚」ということになる。これは、一見すると、矛盾する性質に感じるのではないだろうか。しかし、よくよく考えると、この性質は納得できるかと思う。刺激に対する鋭敏化によって、ちょっとしたことにはすぐに警戒するようになるが、ストレスに対する慣れによって、速やかに通常時の行動に移れると考えれば、この一見して相反する学習も説明がつく。このようなことは、ヒトにおいても起こりうる心の変化なのではないだろうか。つまり、普段から怒られている子供は、怒られることに警戒して少しでも親の異変を感じるとすぐに回避するようになるが、実際に怒られた後はすぐにケロっとしてまた悪さをするようになる、というようなことは私たちの身近でもよく見られると思う。ヒトの子供ではこうした学習が成立して怒られることを気にしなくなったりまたすぐ悪さを続けたりすることはあまり望ましくないかもしれない。しかし放流魚においては、危険なものを素早く回避することができて、かつその危険がなくなればすぐに通常の行動に戻れる性質は、生き抜くための武器になる。放流先の環境にいる未知の外敵と放流からくるストレスという栽培漁業に関する問題点を解決できるわけだ。この性格は、放流魚にとっては理想的なものといえるだろう。

5 訓練の成果はいかに

ここまででヒラメやマダイの行動を飼育環境の操作で変えることができるということを説明してきた。一方で、今回の研究の本来の目的は水産学に貢献することである。つまり、「環境操作で行動が変化する」といった生物学的な面白さだけで終わってはダメで、「変化したことはどう役立つのか」という水産学的な価値についても言及する必要がある。実際に、ヒラメの研究を水産学会で発表をしている際に他の研究者から「この訓練は本当に効果があるの?」と尋ねられることもあった。私の考えた放流魚の訓練は、わりと簡単に実施できる技術であるため、水産現場に適用できるポテンシャルはあると考えている。しかし、実際に適用するとなると、訓練の効果が曖昧なものではい

捕食者のカサゴ

大きな口をもつカサゴはマダイの稚魚を丸呑みにする捕食者である。少し残酷ではあるが、このカサゴとマダイを同居させる実験をして、訓練の効果を確かめることにした。

けない。というのも、放流魚を訓練する場合、作業は水産現場の人がやることになるのだが、大量の魚を飼育するだけでも大変な彼らはとても忙しい。訓練の作業のために人手を増やすことなどそう簡単にはできないだろう。効果があるかないかはっきりしない技術を適用してくれるほどの余裕はないのが実際のところだ。そう考えると、訓練する方法を提案できたとしても確実に効果がありそうでなければとても実践にはたどりつけない。つまり、訓練をすることが本当に放流魚の生き残りに貢献することを示さなければならないということである。

　そこで、マダイの実験では引き続き、追尾処理をした魚が、実際に生き残りが良くなるかどうかを調べる実験をおこなうことにした。捕食者のカサゴがいる水槽に、追尾処理をした魚と通常飼育の魚を尾鰭の一部をカットして識別できるようにして、それぞれ三匹ずつ（計六匹）を捕食者と同居させるという実験をしてみた。少々酷な実験だとわかってはいたが、研究の重要性を確かめるためには避けることができない。カサゴとマダイをしばらく同居させて飼育して、マダイが三匹になった時点で取り出して、どちらの処理の魚がどれくらい生き残っているのかを調べてみた。すると、追尾処理をした魚は対照区の魚よりも生き残っている個体が多かった。どれくらい生き残りやすいかというと、追尾処理区の魚は対照区よりも二・六倍生き残りやすくなっていた。この結果から、追尾処理をすることで、実際に捕食者からの生残率が高くなることが示されたわけである。ここまでで、追尾処理による行動の変化をいくつか示してきたわけだが、飼育下での実験では実際の栽培漁業の現場での放流の効果までは実証することができない。しかし、実験魚の犠牲によって得られたこの成果によって、追尾訓練の実用性を評価することができ、一連の研究の価値を大いに高めることができた。

⑥ 育ちがつくる魚心

さて、本章では、魚類心理学の水産学への応用を目指した研究を紹介してきた。飼育する環境の操作をおこなうことで、飼育魚に見られる異常行動や温室育ちの行動特性を変えることができ、捕食者からの生き残りもよくなることがわかっていただけたかと思う。しかし、ここで紹介した手法は、残念ながら現時点ではまだ実用段階までは到達していない。なので、人間の役に立つ研究など と講釈を垂れていたが、実際に水産業の発展にはまだ貢献できていないのである。というのも、今回おこなった研究成果を現場に適用するには、まだまだ解決しなければならない課題がある。たとえば、今回の実験で用いた追尾処理を実際の飼育現場で使われている大きな水槽ではどうやればいいのか、実際に訓練した魚を放流しても本当に効果があるのか、といったことを検証しなければならない。これらの問題を解決するには、実際に放流をおこなっている水産現場とコラボレーションをした検証が必要となるだろう。研究室から飛び出して水産現場との連携が求められる大規模なテーマとなるが、今後ぜひ実践していきたいと考えている。願わくは、この本を読んで興味をもたれた水産関係者の方がいれば、ぜひご連絡をいただきたい。

一方で、水産学への応用という方針で研究をおこなっていた今回の研究だが、基礎生物学である魚の心理学の点から見ても面白い成果だと自負している。育った環境に対して魚の行動特性が変わるということは、経験によって「魚の性格を変えられる」とも解釈できる。魚に性格なんてあるのか、と不審に思う読者も多いかもしれない。しかし、魚の研究をしていると個体ごとの個性の違いを感じることは多い。たとえば、マダイの実験でおこなった馴致区画から脱出する行動では、対照区の魚でさえも、早く出てくる魚がいたり、ずっと出てこない魚がいたりする。同じ種の同じ場所で採ってきた魚や同じ親の卵から育てた魚でも、個体による性格の違いが見られることはよくある（というか、ないことの方が珍しい）。この性格の違いは、一部は遺伝による影響を受ける（つまり親の性格を引き継ぐ）だろうが、こうした学習による行動特性の変化を見ると、経験によっても変わる（つまり学習によって性格が変わる）と強く感じられる。性格が生活の中の経験によって影響されるということはヒトと同じなのではないかと魚類心理学者は思ってしまう。そして、魚たちが今生きている環境を彼らなりの「魚心」で捉えているということではないかと妄想してしまう。水産学の視点ではじめた研究ではあるが、別の観点からみれば違った面白さも見えてくるのである。「人の役に立ちたい」と言いつつも、最後はやはり自分の興味に移ってしまう。なかなか私の心は魚のようには変わらないようである。

には事欠かない。そんなエビをつかまえてきて、魚の実験と同様の手順で網での追いかけを経験させ、8日間の追尾処理の翌日に不安特性を測るテストを実施した。テストは、新規環境に入れてその時の行動を見るというとてもシンプルなものである。対照区のエビは、水槽中央の開けた場所で活動している割合が多かったのに対して、追尾処理を受けていたエビは、壁際にいる割合が多くなっていた。つまり、普段から、網に追いかけられるという経験をしていたエビは隅っこにいるようになり、新しい環境に入れられた時に警戒心を抱きやすくなっているということだ。

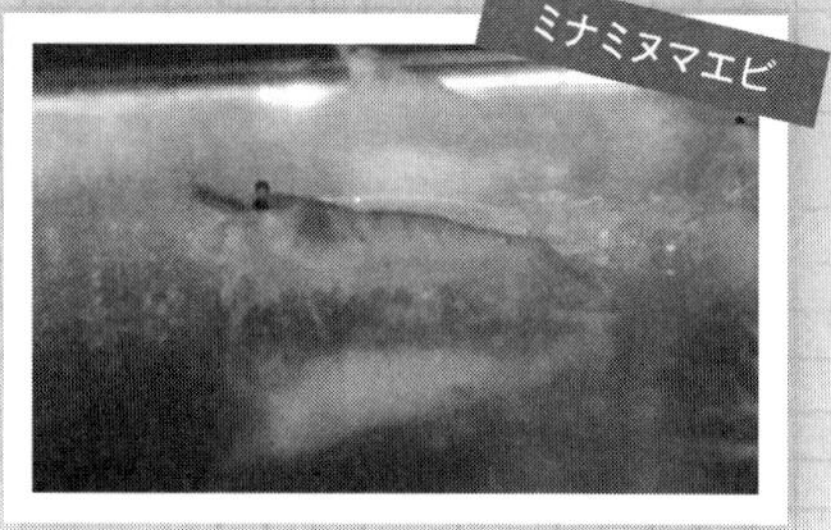

日本各地で普通に見られる殻長1〜2cmほどの淡水エビ。こんな小さなエビでも学習することができるのである。

タイやヒラメと同じようにエビだって環境に対して行動を変えるような性格の変化が生じるということが分かった。日本でおこなわれる栽培漁業は、魚だけでなく甲殻類も対象となっている。もしこの現象がクルマエビやイセエビでも見られるのなら、これらの資源管理にも役立つかもしれない。エビ類の学習研究が進めば、高級食材が食卓に並ぶ日もそう遠くないと期待してしまう。

Column 5

エビだって学習します

この本の主役は魚たちである。一方で、水の中に生息する生物は魚だけではない。実際に魚の研究をしていると、他の水生生物と触れる機会も多い。そして、そういった生き物を見ていると、やはり興味が湧いてくるものだ。私の研究対象のほとんどは魚であるが、中には他の動物を扱ったものもある。その中からエビの学習の研究をこの場を借りて紹介したい。魚類心理学ならぬ、甲殻類心理学の話である。

魚は賢くない生き物と捉えられがちであると書いたが、ではエビはどうだろう？　おそらくほとんどの方は、魚以上に賢くないと捉えているのではないだろうか。たしかに、私もそう考えているし、それは概ね正しいだろう。しかし、実はエビのような甲殻類でも学習する。たとえば、昔は人気者で、今ややっかい者となってしまったアメリカザリガニなどを使った学習の研究は結構ある。では、ヒラメやタイのような生活環境の学習はエビでも見られるのだろうか。それを確かめるためにおこなった実験である。

実験に使ったのはミナミヌマエビという、日本各地の川や池で普通に見られる殻長1cmほどの小型のエビである。このエビは、長崎大学で実験していた高橋ハウス（詳細はコラム2参照）の脇を流れる幅20cmほどの排水溝にたくさんいるので、採集

5章

釣られてたまるか

1 釣り人たちは妄想する

みなさんは魚釣りはお好きだろうか？　本書を手にされた方は少なからず魚に興味をお持ちのはずだから、魚釣りが好きな方も多いかもしれない。この章では、そんな釣り好きな読者のために、魚釣りに対する魚の心についての話をしたいと思う。魚釣りでは、魚とヒトが直接的な駆け引きをすることになる。そのような駆け引きをするには、相手である魚の心を知ることは何よりも重要なことだと私は思う。

魚釣りは、古来よりヒト社会において漁業の一形態としておこなわれてきた。現代では、漁業者の営みとしてだけでなく、一般人の間でもレジャーとしても非常に人気が高い。とある研究では、日本人の九人に一人が魚釣りを娯楽として愉しんでいるとも言われている[1]。みなさんが魚釣りを好きかどうかは置いておくとしても、海に囲まれ、川や池も多くある日本に住んでいれば、少なくとも子供の頃に一度は釣りをした経験があるのではないだろうか。このように日本人に馴染みの深い魚釣りだが、日本に限った話ではなく、世界中で漁業やレジャーとして愛されている。歴史を振り返ってみると、石器時代から魚釣りがおこなわれていたといわれており、最近の研究では、三万年以上前の遺跡から釣り針と思しきものも発掘されている。魚釣りは、古代から現代まで、魚とヒトの付き合いを語る上で欠かすことができない営みなのである。

　かくいう私も魚釣りは子供の頃からの趣味であった。小学生の頃は、学校から帰ったら毎日のように近所の海に仲間と出かけては釣りをしていた。大きくなってからも、一晩中釣りをしながら釣った魚を食べる「夜通し」というイベントが一番の楽しみであった。ふだん家にいるときでも、釣具のカタログを眺めたり、ルアーを自作したりと、魚釣りのことで頭がいっぱいだった時期もある。当時を振り返ると、釣りをしているときは、「この時間ならどんなところに魚がいそうだ」とか「この色のルアーの方が釣れそうだ」とか、無意識に魚の気持ちを考えていたように思う。釣りを通じて魚と駆け引きをしてきた経験が影響して、私が魚類心理学者を志すようになったことは間違いない。ただ、残念ながら現在は、調査や実験という仕事のためか、家族サービスでしか釣りはしなくなってしまったが。

魚釣りは、老若男女を問わず多くの日本人に愛されているレジャーである。好きか嫌いかはさておき、これまでに一度も魚釣りをしたことがない人は少ないのではないかと思う。

　そんな私を含めて、たいていの釣り人たちの想いは、「もっとたくさん釣りたい」「大きい魚が釣りたい」など、とても単純なものである。しかし、実際に釣りに行くと、よほど腕の良い人でもない限り、まぁ大概は「釣れない……」と苦い想いをすることになるであろう。そんな「釣れない釣り人」たちは、釣りをしながら様々な妄想を膨らませる。「周りに餌が多いからお腹いっぱいなのではないか?」「潮の流れが悪いから魚の活性が低いのだろう」などの妄想の末、挙句の果てには「今日は魚は休みなんだ!」など、意味のわからない答えに辿り着くものである。そんな釣り人の抱く妄想の一つに、「釣りすぎてしまったので魚が覚えてしまったのではないか?」という考えがある。これは釣り人の多い人気の釣り場で釣れない釣り人がよく言うことで、釣り人たちの間でポピュラーな妄想の一つである(釣り用語で「スレる」という)。釣りの現場だけでなく、学会会場などでも、魚の学習の研究をしていると話すと「魚は釣りの仕掛けを学習するのか?」と尋ねてくる隠れ釣り人は多い。

この疑問に答える前に、「魚にとっての釣り」について考えてみよう。ヒトに愛され続けている魚釣りだが、魚にとっては生死に関わる重大な問題である。釣られた魚の多くは食用として利用されるため、もちろん死につながることになる。また、運良く釣り逃れた魚やキャッチアンドリリース(釣り上げた魚を戻すという釣り用語)された魚であっても、釣られることで受けたストレスや怪我によって餌を食べようとしなくなったり、繁殖行動が阻害されてしまったりすることもある。魚にとっての「釣り」は、愉しい遊びではなく、生き残っていくために回避しなければならない深刻な事案なのである。

魚にとって釣りの仕掛けの学習は、この深刻な釣られるリスクを回避するために有益な手段の一つであろう。もちろん、そもそも釣られる前に仕掛けを見極めて避けることができればそれは魚にとって一番良い。しかし、仕掛けにつける餌や擬似餌は魚の食欲をそそる魅力的なものである。そんな仕掛けと出会った魚たちは、仕掛けの怖さを知らなければ、それを食べてしまうのは仕方ないことであろう。一方で、仕掛けを危険なものとして覚えることができれば、少なくとも次回以降に仕掛けと出会った際はこの危険を回避することができる。特に、釣りとの遭遇の機会が多い魚では、このような危険な餌を覚えて、安全な餌と見分ける能力は生き残る上で非常に重要なものだと考えられる。

釣りの仕掛けを避ける学習は、（おそらく釣り好きの）研究者の興味を惹きつけ、これまでに多くの研究がなされてきた[2]。その研究のほとんどは、とてもシンプルなものである。たとえば、大きな水槽や池に標識をつけた魚を放流し、複数人で魚を釣り、釣った魚を記録した後にリリースし、これを続けていく。釣り上げた魚の記録から、釣られる経験をした魚が釣られにくくなっていれば、魚が仕掛けを学習したのだ、と結論づけることができる。「ただ釣りをしているだけ」という、釣り人がうらやましがりそうな研究ではあるが、このような研究からいろいろな魚種が仕掛けを学習できることが示唆されてきた。

研究の話をするたびに周りの人から「魚が釣りを学習するのか？」という疑問を頻繁に投げかけられていた私は、これだけ多くの人を惹きつける「釣りの学習」というテーマに興味をもつようになっていた。しかし先行研究を調べていくうちに、「魚が釣りの仕掛けを学習して避けていた」という解釈に疑問をもつようにもなった。たとえば、釣られた魚は、釣られる経験によって負傷したりストレスを受けたりすることになる。そのような損傷やストレスの結果、餌を食べるモチベーション自体を失っていたのかもしれない。食べる意欲がなくなれば釣れなくなるのは当然だ。前章で魚はストレスを受けると餌を食べなくなると説明したが、このようなストレスによって餌を食べなくなることは、一時的な行動の変化であるため学習とは言えない。過去の魚の釣り仕掛け回避学習の研究を見返すと、そのほとんどは、池や大型の実験水槽で、多数の魚を使った実験をおこなってい た。これでは、個々の釣られた魚の摂餌モチベーションを確認することができない。より確実に仕掛け回避学習の成否を調べる必要があるのではないかと考え、実験をしてみることにした。

2 一度釣られた魚は学習する

過去の研究の問題点は、どれも大規模なスケールでの実験をおこなっていたことである。実際の釣りの場面を考えると、たしかにこのような実験の方が現場を反映しているため適切だとは言えるかもしれない。しかし、魚の心理を探るという目的になると、事情は違ってくる。魚の心理を詳細に調べる上では、小規模なスケールで個体レベルの行動を観察する実験が望ましい。そこで、小型水槽で単独の魚を用いた実験によって釣りの学習を検証することにした（図28）。

実験に用いたのは、釣りの対象魚として人気のマダイの稚魚である。マダイは、沖での船釣りにおいては、その食味の良さや、かかったときの駆け引きの面白さから、昔から釣りの対象とされてきた。一方、釣りの対象となるのはマダイの成魚であるが、稚魚も実は釣りとは密接な関係にある。稚魚は狙って釣られるような魚ではないが、彼らが生息する沿岸部では頻繁に釣られることがある。普段釣りをそれほどしない読者の中でも、防波堤でするファミリーフィッシングでマダイの稚魚を釣った経験がある方もいるのではないだろうか。特に、前章で述べた通り、マダイの稚魚は栽培漁

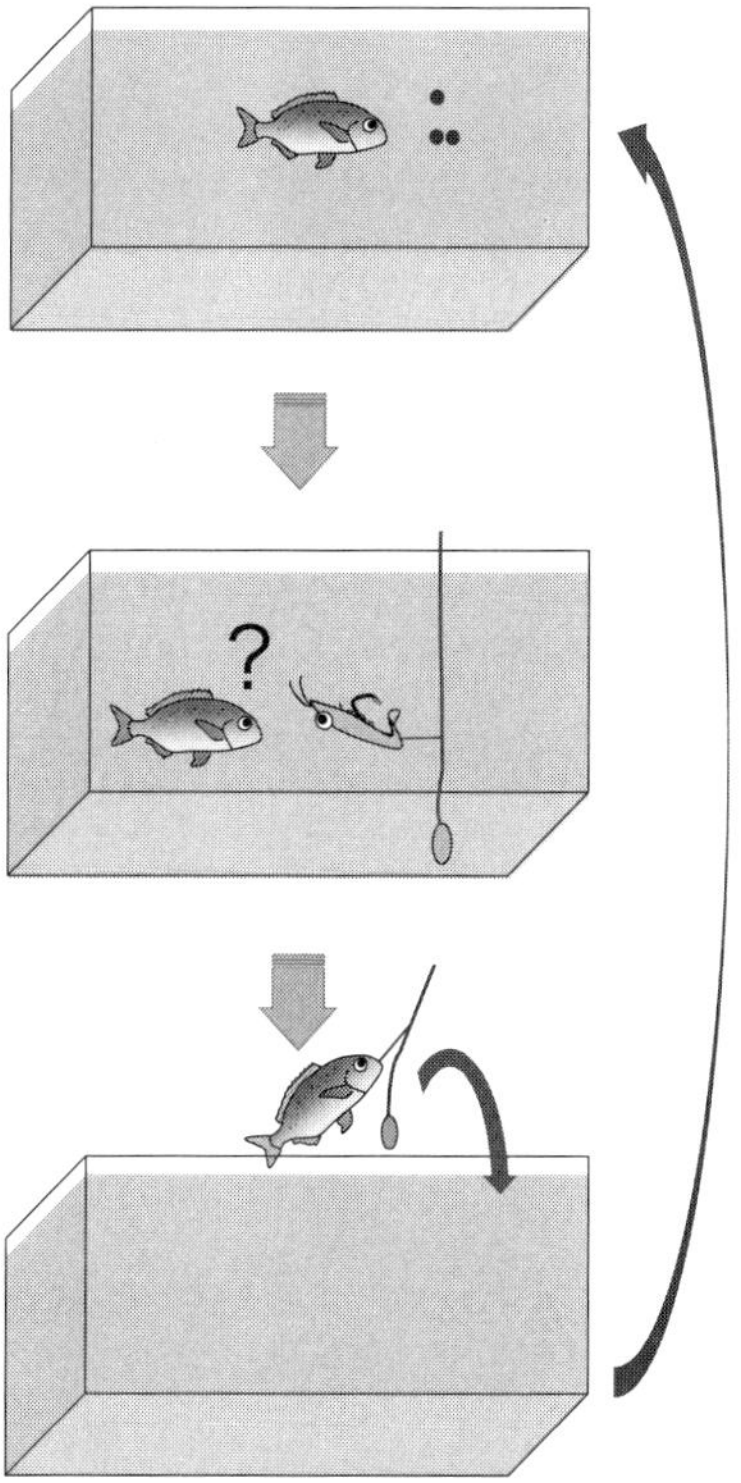

図28　釣りの仕掛け回避学習実験

まず、水槽内の魚に配合飼料を与えて摂餌意欲を確認し（上）、続いて仕掛けを投入する（中）。魚が釣れた場合は（下）、水槽に魚を戻す。この操作を繰り返し、配合飼料は食べるが、仕掛けを避けるようになれば、仕掛け回避学習が成立したことになる。

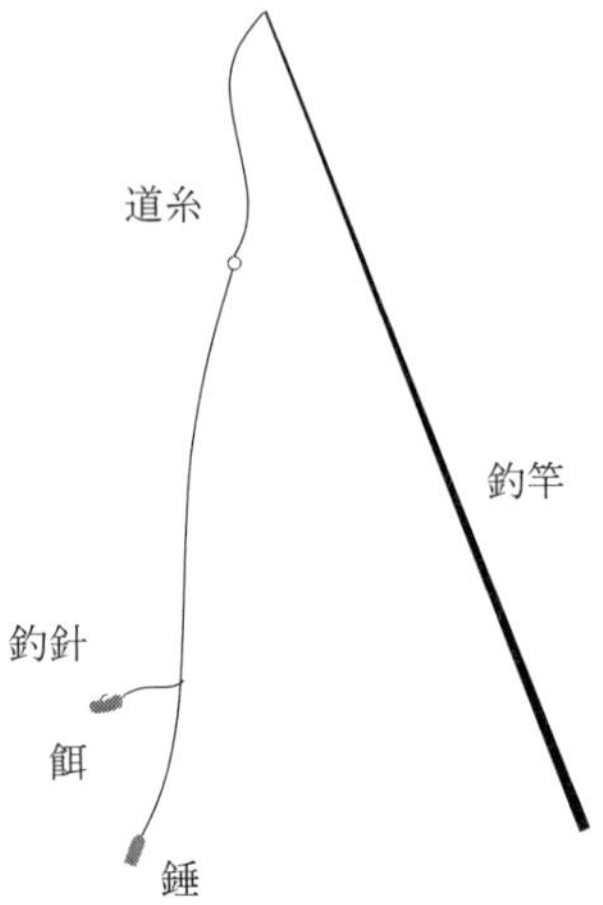

図29　実験に用いた「仕掛け」

実験では、「胴突き仕掛け」という仕掛けを用いた。糸の途中から針と餌が出ていて、下に錘がある。

業で日本各地で放流がされている。放流魚を持ち帰ってしまっては栽培漁業の効果が望めないので、マダイを放流している地域では、釣り上げたマダイの稚魚を海に返すことが義務づけられていたりもする。そんなマダイの稚魚は、釣りの仕掛けを避けるように学習する機会は多いであろう。

今回の実験も毎度ながらとてもシンプルなものである。手順としては、ただ水槽の魚を釣るだけなのだが、それだとあまりにも格好がつかないので細かく説明しよう（図28）。まず、水槽の中に普段餌として与えている配合飼料を給餌して、魚の摂餌モチベーションを確認する。今回用いた水槽の大きさは五〇センチほどなので、魚はすぐに餌に気づいて食べることになる。配合飼料を食べる意欲が確認された場合、手製の釣竿につないだ仕掛けを水槽内に投入した。仕掛けは、錘が下にあり、糸の途中から針が伸びる「胴突き仕掛け」（図29）と呼ばれる形状のものを用いた。仕掛けの針にはオキアミ（釣りでよく用いられる万能餌）を適当な大きさにカットしたものをエサとしてつけた。仕掛けを入れて、魚が釣れるかどうかを一分間観察し、魚が餌を食べた場合は竿を引き揚げて魚を釣り上げた。釣り上げた魚は、針を外して（困難な場合は糸を切って）、元の水槽に戻した。一分間仕掛けを提示しても釣れない場合は、仕掛けを取

実験室に並べた水槽で一人釣りをする様子は、周りから見ればかなりシュールだ。

り出した。この操作を一日に一回おこない、翌日も同じことを繰り返すだけである。この実験の工程において、摂餌モチベーションがある（配合飼料を食べる）にもかかわらず仕掛けの餌を食べなかった場合、魚が仕掛けを避けていることが確かめられる。つまり、仕掛けを回避する学習が成立したということだ。この工程を繰り返して、マダイが仕掛けを回避するように学習できるのか、できるとしたら何回釣られることで覚えるようになるのかを調べてみた。なお、文字で書くと伝わりにくいかと思うが、実験室に水槽を並べて、手製の釣竿で仕掛けを黙々と入れ続ける姿は、傍から見るとかなりシュールである。実験の様子を見ていた同僚が、何も言わずに、ただ怪訝そうな顔をしていたのが忘れられない。

今回、実験に用いた魚たちは、過去に釣りを経験していた可能性を排除するため、すべて卵から育てた人工孵化稚魚とした。生後半年ほど育てて、堤防の釣り

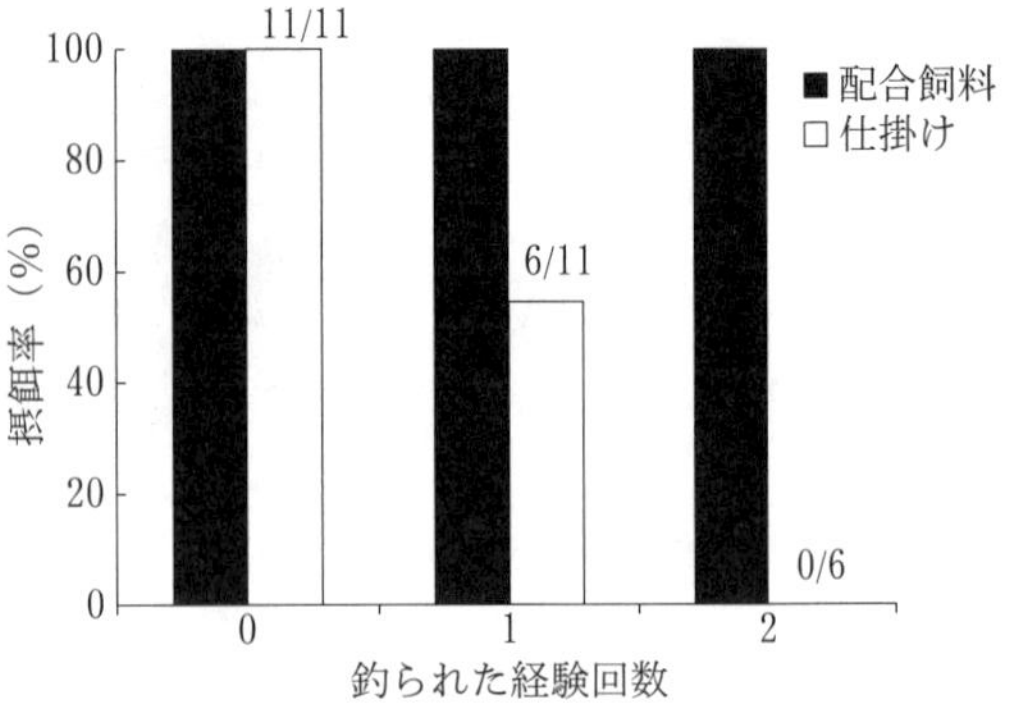

図30　釣り仕掛けに対する摂餌行動の推移

配合飼料の摂餌率を見ると、釣られる経験をしても全ての魚が配合飼料を食べ続けていた。一方で、仕掛けの摂餌率では、1回の釣獲で約半数が仕掛けを避けて、2回の釣獲で残りの魚も仕掛けを避けるようになった。つまり、マダイは1〜2回で仕掛けを避けるように学習したということになる。

で見かける一〇センチほどまで育てた愛くるしい魚たちに、仕掛けをみせてみた。生まれてから一度も釣りの仕掛けなどというものに出会ったことがない魚たちは、仕掛けのオキアミを全く警戒することなく、すべての魚が仕掛けのオキアミをすぐに食べて釣り上げられた。しかし、翌日の実験では、配合飼料に対する摂餌意欲はすべての魚に確認されつつも、約半数の魚（一一個体中六個体）が仕掛けを避けるようになっていた（図30）。つまり、半分くらいの魚は一回釣られるだけで釣りの仕掛けを学習できるということである。続けて、翌々日では、前日に釣れた残りの五個体もすべてが仕掛けを避けるようになった。マダイは、一〜二回というごく少ない経験で仕掛けを覚えられるということである。実験をする前から、マダイが学習できることはなんとなく予想していたのだが、この学習スピードは想定外だった。というのも、ここまでに多くの学習実験をしてきたが、一回で学習するというのはほとんど見たことがなかったからだ。これほど早く仕掛けを学習するということは、釣り人にとっても驚異的な結果なのではないだろうか。

マダイがすぐに釣りの仕掛けを学習するということが明らかにされたわけだが、それでは、釣りの仕掛けを覚えた魚はどれくらいの期間その記憶を保っているのだろうか？　これまた、釣り人にとっては気になることであろう。それを調べるために、この実験を二八日間継続しておこなってみた。すると、前日には仕掛けを避けていた（学習していた）個体であっても、早い個体は翌日に再び釣られ、遅い個体でも一一日後には再び釣られてしまった。つまり、魚が釣りの仕掛けを学習したからといって必ず釣れなくなるわけではないということだ。釣り人が、釣れないことの言い訳を魚の学習のせいだけにすることはできないことになる。また、二八日間の各個体の総釣獲回数を見ると、三〜八回となっており、よく釣れる個体とあまり釣れない魚がいそうだということもわかった。ちなみに、この後に魚の行動特性と釣れる回数の関係を調べる実験をおこなったところ、ストレス状況でも早く餌を食べる個体がよく釣られるということが確かめられた。釣られやすい魚は、ストレスに強い大胆な性格の魚ということだ。この大胆な魚というのは、つまり馴化（慣れ）が早いということであり、素早く環境に慣れて餌を取れるようになる反面、釣りの脅威に晒されやすいという性質があると解釈できる。ヒトの性格と同様に、魚の性格にも一長一短があるということだろう。

ところで、この再び釣られた魚は仕掛けを忘れてしまったのかというと、どうやらそういうわけではないようだ。というのは、釣られた経験をしたマダイは仕掛けの餌に対する行動が変わる様子が見られたのである。餌を食べるとき、釣られる経験をしていない魚はオキアミをまるごと飲み込

仕掛けを学習した後のマダイの様子

仕掛けを学習した後の魚の多くは、警戒しながら仕掛けに近づくようになる。中には、仕掛けの餌だけを突くような行動もしばしば見られ、餌取りが上手になる。

〈動画URL〉https://youtu.be/p82s_fDu8nM

むように口にくわえる。しかし学習した魚は仕掛けについた餌を針を避けるように突くようになり、釣られることなく餌だけを取る様子がしばしば見られた。実験時にこの突き行動の回数を記録していたのだが、突き行動の回数は、実験の日数が増える（つまり釣られる経験をする）につれて増加していた。マダイは、危険な釣りの仕掛けを経験することで、餌だけを上手に取れるようになるのである。この様子を観察していると、マダイが「食べたい……けど気をつけないと」と逡巡するかのようなふるまいが垣間見えて、まるで魚が餌を食べようか悩み、葛藤しているかのようである。なお餌だけを上手に取るようになった魚もまったく釣られないわけではないので、やはり釣れない言い訳にはならない。餌だけを上手に取る魚も釣れるくらいに、釣り人の腕をみがく必要があるということだ。

学習した魚が仕掛けを忘れているわけではないということは、この後の長期記憶の実験からも確かめられている。上の二八日間の実験のあと、マダイに仕掛けを見せることなく配合飼料だけ与えて飼育を続けてみた。そして、二ヶ月後に仕掛けと再び遭遇させる実験をしてみると、およそ半分の魚は二ヶ月後であっても仕掛けを避けることが確認された。つまり、少なくとも一部の魚は六〇日間学習した仕掛けの脅威を覚えていたのである。同様の結果は過去の大規模実験でも示されていて、その実験ではコイは一年後でも覚えているかもしれないという結果が出されている。[3] 魚は想像以上に長い期間にわたって釣りの仕掛けを覚えているようだ。こんなことが起きるのならば、人気の釣り場の魚は次第に釣れなくなってしまうのも当然かもしれない。釣り人たちの妄想が立証されたわけである。

ちなみに、学習した魚がどれくらい釣れにくくなるのかということも実験をしてみた。二八日間にわたって釣りの仕掛けと遭遇した魚を、実験協力者の第三者数名に釣ってもらうという実験である（実験条件を目隠ししておこなうことからブラインドテストとよばれる）。協力者に実験の説明をせずに、仕掛けと餌一切れだけを与えて、「この魚を六〇秒で釣ってください」とお願いをした。このとき、一度も釣られる経験をしていない対照区の魚も釣ってもらった。すると、釣られる経験を以前にしていた魚は一一個体中二個体が釣られ、対照魚は一一個体中九個体が釣られた。この実験の協力者たちは、普段から釣りを趣味としている研究室の後輩から釣りはまったくの素人という著者の妻まで多岐にわたるため、実験者の釣りの腕前には大きな個体差があったのだがその影響は見られないようであった。この釣り仕掛けを学習したことによる釣られにくさを見るために、学習した魚と対照区の釣獲率を比べてみると、学習した魚は四・五倍ほど釣られにくくなっていた。やはり魚が仕掛けの脅威を学習することで、釣れにくくなるということは起きそうだ。

3 魚は仕掛けを見極める

ここまでの結果を簡単にまとめてみる。マダイは、釣られることで仕掛けを避けるようになり、一～二回というごく少ない経験で学習し、二ヶ月以上その情報を記憶することができる。さらに、餌だけを上手に取るように行動を変えることもあった。これほどまでの能力を備えているとは、釣り人たちの想定を超えていたのではないだろうか。さて、マダイが釣りの仕掛け学習について、とても優れた能力をもつことがわかっていただけたと思うが、釣り人が本当に気になることは、「じゃあ、仕掛けを学習した魚はどうやったら釣れるのか?」ということだろう。この疑問に対しての答えは、魚たちが仕掛けの何を避けていて、仕掛けをどのように捉えているのか、というところにあるかもしれない。釣り人たちの期待に応えるため、学習したマダイが仕掛けの何を危険と捉えて避けているのかをさらに調べてみることにした。

釣りの仕掛けにはどういう要素があるのか、魚になったつもりで考えてみよう。まず、仕掛けを水槽に導入すると、魚の眼前に突然「仕掛け」というものが現れることになる。釣られるという嫌な経験をした魚は仕掛けという「もの」が出てくることだけで怯えてしまい、食べる意欲そのものをなくしているのかもしれない。また、仕掛けには餌がついている。今回は、仕掛けの餌にはオキアミをつけていたのだが、このオキアミのことを「食べると大変な目（釣り上げられる）にあう餌」と捉えて、「餌自体」を避けているのかもしれない。もう一つ、仕掛けというのは餌につながる針と糸という存在である。「糸につながった針が刺さった餌」を食べると釣り上げられてしまうと認識し

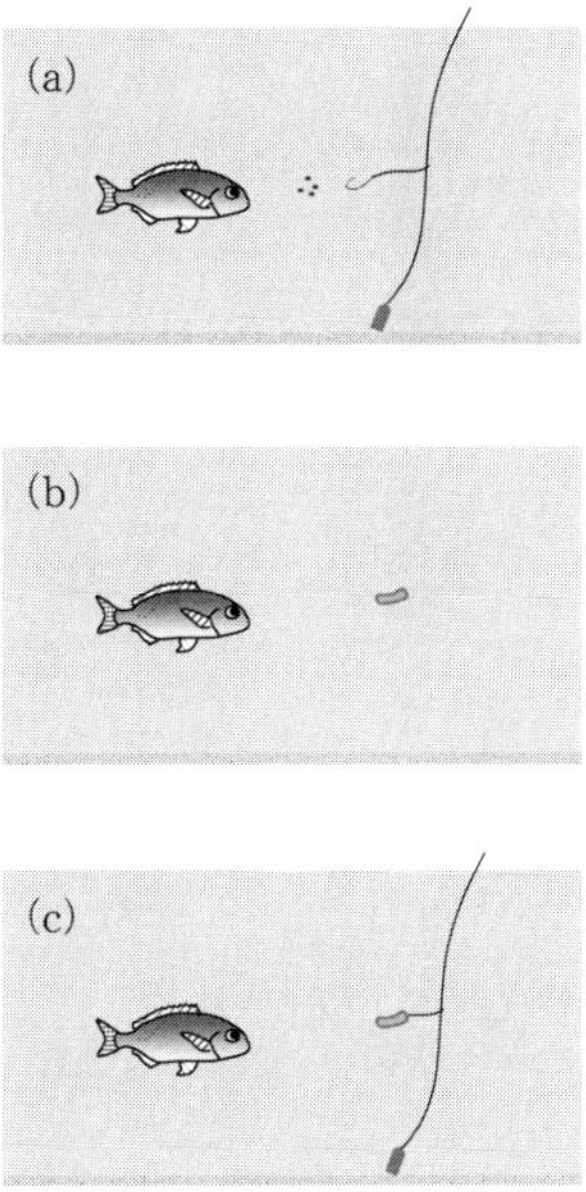

図31　マダイは仕掛けの「何」を避けているか

釣りの仕掛けには複数の情報が存在するが、学習したマダイが仕掛けの「何」を避けているかを調べるため仕掛けの情報を分離して探った。仕掛け自体を避けていた場合、仕掛けがある状況では配合飼料を食べないと予想される（a）。餌自体を避けているなら、餌だけを与えても避けると予想される（b）。糸につながる餌を避けているなら、糸つきの餌を避けるであろう（c）。

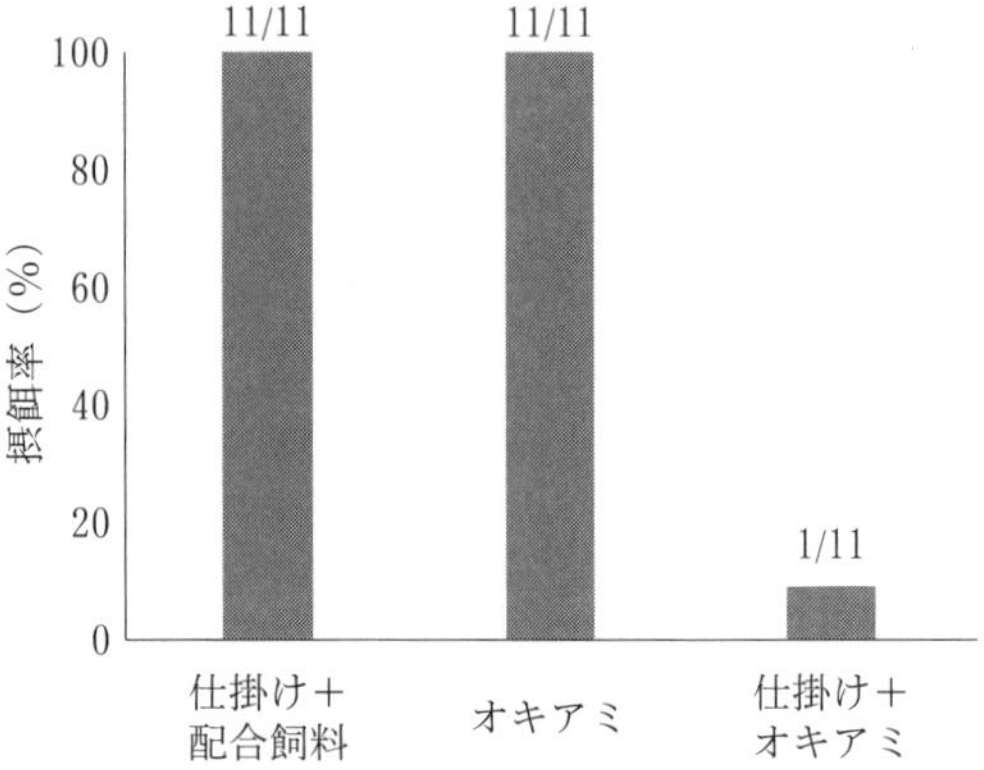

図32　各条件の仕掛けに対するマダイの摂餌率

学習したマダイは、餌をつけない仕掛けと配合飼料を提示した時や、オキアミのみを提示したときは全ての個体が餌を食べた。しかし、餌が糸に繋がれていると、ほとんどの魚が餌を避けていた。どうやらマダイは糸を見分けているようだ。

ていたのかもしれない。このように、仕掛けが魚にもたらす要素は複数あることになる。そこで、それぞれの要素を分離して与えたときに学習した魚が見せる反応を観察してみた。

　まずは、仕掛けの出現に怯えているのかを調べるため、餌をつけない仕掛けを水槽に入れて、そのそばに配合飼料を与えてみた（図31）。もし、釣られた経験をすることで仕掛けという「もの」自体に怯えやすくなっているなら、仕掛けがある状況では配合飼料であっても食べなくなってしまうはずだ。そうなると、釣られにくくなるのは釣り仕掛け自体に対する学習ではなく、「何かしらのもの」が出てきたことに対する警戒反応になってしまう。しかし、実験をしてみるとすべての魚は仕掛けのそばに配合飼料を落とすと、これを勢いよく食べる様子を見せた（図32）。どうやら、魚は仕掛け自体の導入に怯えて摂餌意欲がなくなったために釣れなくなったのではなさそうで、一安心だ。

　次に、仕掛けの餌に用いたオキアミだけを与えてみた。マダイが釣られた時の餌を学習していた場合、ここでは餌だけでも避けるような反応が見られるはずだ。苦味のある不適な餌の経験をしてその餌自体を回避するようになる学習（味覚嫌悪学習という）は他の魚で報告があるので、この可能性は十分にありうる。[4] しかし、ここでも、すべての魚は配合飼料を食べるときと同じように素早くオキアミを食べていた。つまり、釣られる経験をした時の「餌自体」を危険と捉えているわけではないということである。これは予想外なところもあったが、他の魚での報告と異なる結果で面白い。

最後に、「釣りの仕掛け」に対する回避反応を確かめるため、針をつけないで糸にオキアミを刺した仕掛けを水槽に入れてみた。ここでは針が使われていないのでその点だけ異なるが訓練の時とほぼ同様な仕掛けであったため、やはりほとんどの魚はこの餌を食べなかった。食べる魚でも、先の動画のように軽く突くような素振りで、食べた魚も、配合飼料やオキアミを与えたときよりも食いつくのにだいぶ時間がかかっていた。上二つの条件の時とは明らかに違う行動だ。つまり、マダイは「糸（針がなくても）につながる餌」を危険なものとして捉えているのだと考えられる。

釣り人たちは、釣れないときに「この餌がよくない」とか「仕掛けが合ってない」などの言い訳をする。そして、自分の腕前を棚に上げて、餌や仕掛けを変える。魚が釣られた時の餌や仕掛け自体を危険と捉えているのであればこの戦略は釣果につながるであろう。しかし、魚が糸につながる餌（つまり「釣りの仕掛けの構造」）を危険と捉えるのであれば、餌や仕掛けが変わっても魚は釣られる危険を避けることができるということになる。

釣り人たちのとるこの釣り戦略（餌や仕掛け自体の変更）は本当に効果的なのだろうか。これを調べ

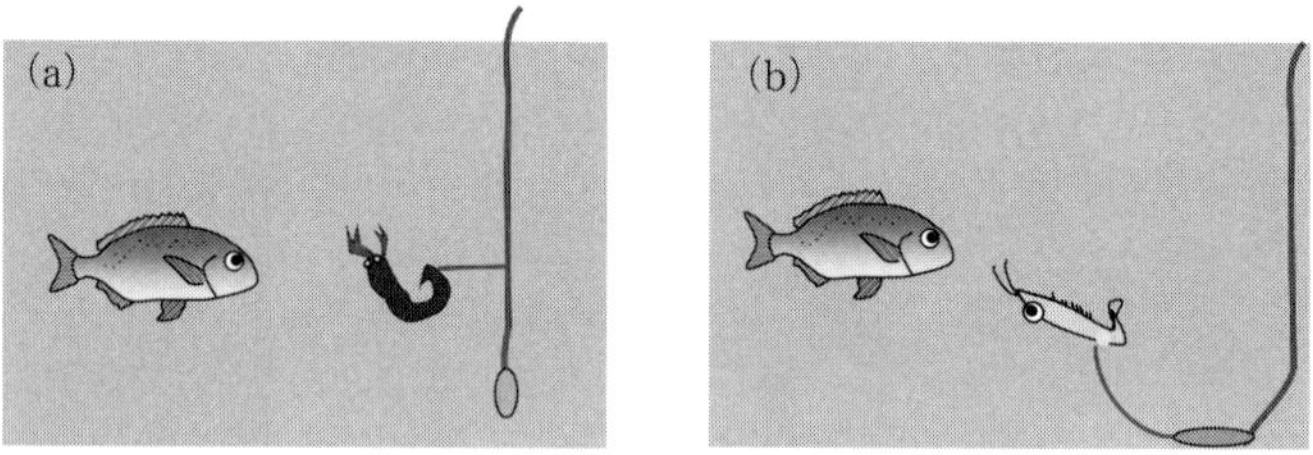

図33　学習したマダイはどうやったら釣れるのか

糸を見分けるマダイは、どうやったら釣れるのだろうか。仕掛けの餌を変える(a)、仕掛けの構造を変える(b)時に、学習した魚を釣ることができるのだろうか？

るため、もう一つ実験をしてみることにした（図33）。ここでは、釣り餌として二種類の餌（オキアミとヤドカリ）のどちらかを用いた。そして、一度釣り上げた魚を対象に、釣られた時と違う餌をつけた仕掛けを投入し、魚がそれを避けるどうかを観察した。それぞれの餌で六個体ずつ実験したところ、オキアミで釣られた魚もヤドカリで釣られた魚も、餌が変わってもやはり仕掛けを避けるようになっていた。つまり、餌を変えても学習した魚は釣れないということである。さらに、仕掛けを変える実験もしてみた。学習の際に使用した胴突き仕掛けは、錘が下にあって糸の途中から餌が飛び出るような形の仕掛けである。そこで、糸の途中に錘をつけて、餌の近くに小さな浮きをつける仕掛けにして、餌が底層から浮き出るような、それまでとは形状がだいぶ異なる仕掛けに変えてみた。しかし、学習した魚はやはり餌を食べず、仕掛けを変えても危険を学習した効果が発揮されるようであった。釣り人たちのとる「餌・仕掛け変え戦略」は、「仕掛け」というものを危険と捉えている魚にとっては大して効果のない戦略だったのだ。

4 魚が釣られたくない理由

ここで、マダイの釣り回避学習の心理を考えてみよう。彼らは、釣られる経験をして釣りの仕掛けが危険であると認知する際に、糸を見ているということである。この事実が示すのは、魚が糸を見ているということだけではない。魚は餌の状態を糸の有無から見極めて、危険な餌と安全な餌を選択しているということである。身体も脳も小さな魚であるが、思ったよりも賢いと感じられるのではないだろうか。そして、この「糸を見極めた釣り仕掛けの学習」は、彼らの生活においてとても機能的な学習の仕方である。仕掛けについた餌を食べて釣られたときに、運良く逃げることができても、逃げた魚はまた餌を取り続けないと生きていけない。ここで、釣られた時の餌自体を危険と捉えてしまうと、せっかく釣りを回避できてもその後同じ餌を避け続けることになるので、餌を取る機会が減ってしまうだろう。また、釣り場には無数の仕掛けがあり、仕掛けについている餌は仕掛けごとに違うことが多い。餌が変わるたびに学習し直さないといけないようでは、せっかく覚えても餌が変わると釣られてしまうことになる。釣りの危険を回避できなくなってはその学習能力の効果は弱い。しかし、糸につながる餌を危険と捉えられれば、糸がついていない安全な餌（それが過去に釣られた餌であろうとも）を取りつつ、釣りにつながる危ない餌（糸につながれた餌）を避けることができるようになる。釣りという危険が多く存在する環境で生きるマダイの稚魚たちにとって、このような学習のしかたはとても理に適った認知能力と言えるだろう。

一方で魚の釣り仕掛けに対する心理を考えたとき、もう一つ気になることがある。それは「なぜ魚は釣られることを危険と捉えているのか？」ということである。学習した魚が釣れなくなるのであれば、そもそも釣りの仕掛けを覚えないような釣り方をすればいいかもしれない。魚が嫌だと思わない釣り方ができれば、釣り仕掛けに対する学習は成立せず、魚が釣れなくなることもあるまい。そこで、「釣りの何が嫌なのか」、魚に聞いてみることにした。

この実験をする前に、魚が釣られる過程で魚が受ける嫌そうなことについて考えてみよう。釣られるとき、まず魚は針のついた餌を口にすることになり、その結果、口先または喉の奥に針が刺さることになる。想像するだけでも痛くなってくるが、この刺さる経験が魚にとって嫌な思い出となり、仕掛けを避けているのかもしれない。次に、食べた仕掛けに引っ張られる経験がある。糸のつながる餌を食べた魚は、釣り人に糸を通して引きずられることになる。食べ物を食べたら引きずり回されるという感覚は、ヒトの生活からは想定しがたいが、想像してみるとなんとも恐怖を感じる。そして、最終的に、釣り上げられる魚は水上に引きあげられることになる。魚にとって、水上は呼吸もできず、放置したら死んでしまうような恐ろしい環境だ。ヒトでいうなら、逆に無理やり水の中に顔を突っ込まれるような感覚と同じことだと想像される。食べたら突然そのような環境に引きずり出されるなんて、トラウマものである。釣りの過程には、このように魚にとって嫌だと思われることが複数ある。これらのどの経験が釣りの仕掛け学習を起こすのかを調べるために、少々残酷ではあるが次のような実験を計画した。

この実験では、釣りで想定される嫌な経験のいずれかを与えて、仕掛けを避けるようになる経験を探ることにした（図34）。まず、針がかりの効果を調べるために、一つ目のグループの魚には食べたら糸が引き抜かれる仕掛けを与えた。仕掛けの餌を食べた魚は、糸に引っ張られることなく、口に針がかかるようになるということである。なお、口に刺さった針は実験終了後ただちに回収した。次に、二つ目のグループの魚には、水中で引っ張られる経験を与えた。針につながれた仕掛けの餌を食べたあと、一〇～三〇秒ほど水中で糸に引きずられる経験をしたことになる。その後、水中で糸を切って逃すことで、釣りの途中で糸が切れて逃げられた状況（釣り用語で言うところの「バラし」）

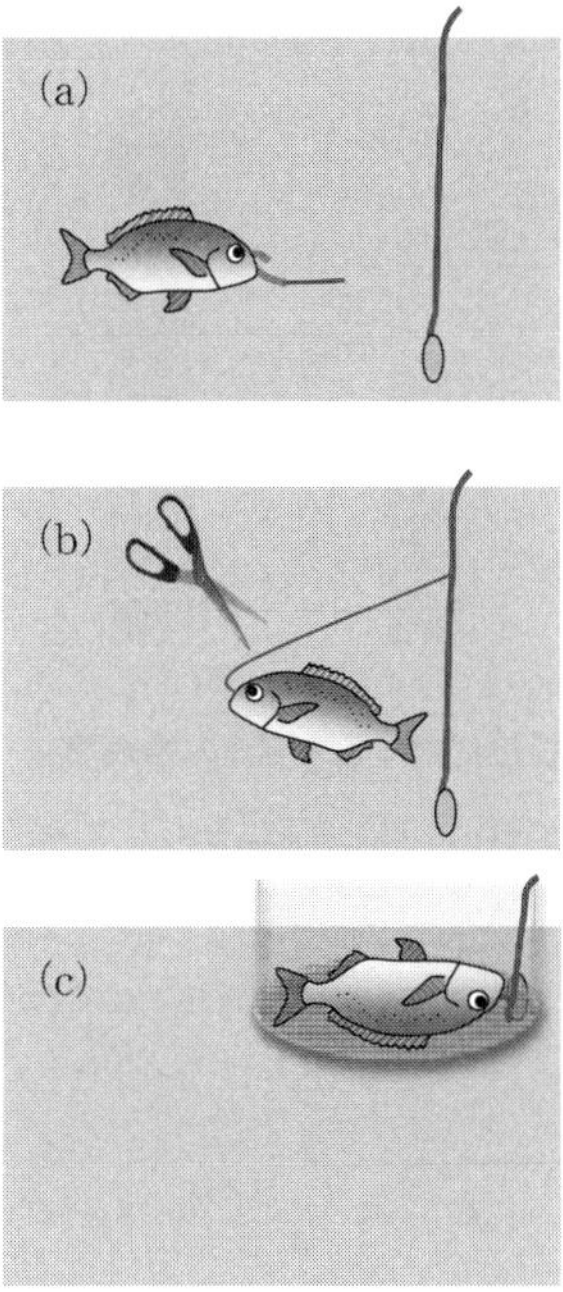

図34　マダイは釣られる過程の「何」を学習しているのか

仕掛けの針が刺さることが嫌ならば、餌を食べて口に針がかりすることを学習すると予想される(a)。仕掛けを食べて糸で引かれることが嫌ならば、餌を食べて糸で引かれる経験で学習するであろう(b)。水上に出されることが嫌なら、網ですくっても学習するはずである(c)。

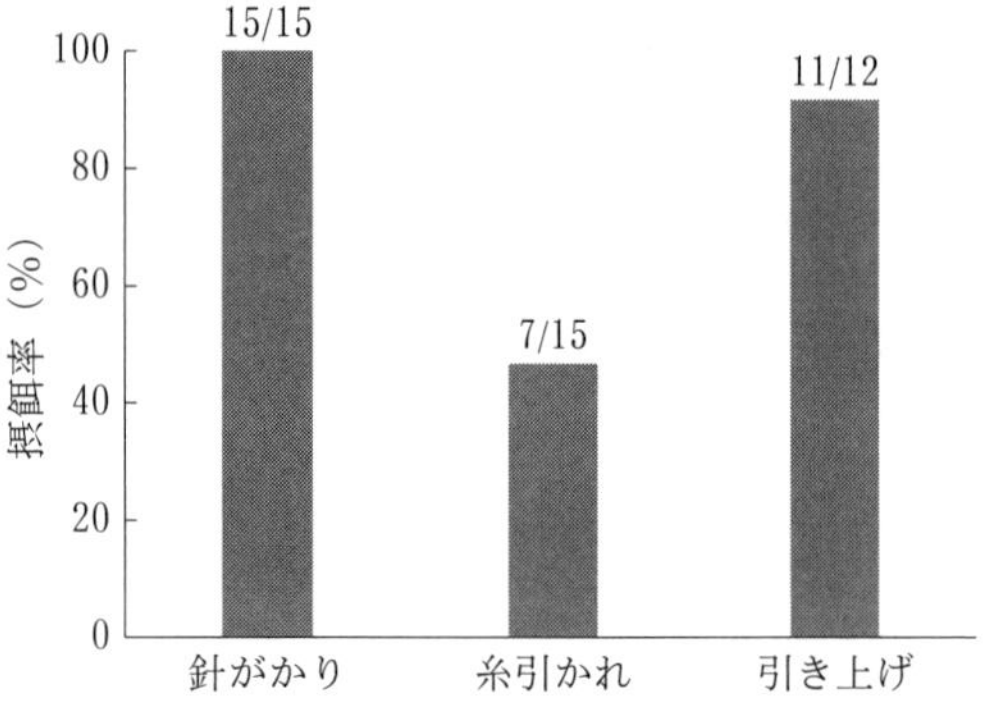

図35　各経験条件の仕掛けに対するマダイの摂餌率

餌を食べて、口に針が刺さる経験や、網で水上に引き上げられる経験をした魚はほとんどの個体が餌を食べた。しかし、餌を食べて糸で引かれる経験をした魚は半数以上が仕掛けを避けるようになっていた。どうやらマダイは糸で引っ張られる経験が嫌で、仕掛けを学習するようだ。

を再現した。最後に、三つ目のグループの魚には、水上に引き上げられる経験をさせた。このグループの魚は、餌を食べたら水槽の底に設置した網で水上に取り上げられた。餌を食べたら、糸に引かれることなく、水上に引き上げられるということである。これらの経験をした各グループの魚に、配合飼料の摂餌意欲を確認した後に、通常の仕掛けを与えて仕掛けを避けるかどうか、つまり仕掛け回避学習が成立しているかどうかを確認してみた。

では、結果を見てみよう（図35）。一つ目の針がかりを経験させた魚では、すべての魚が躊躇なく仕掛けの餌を食べ、釣られてしまった。つまり、口に針がささることで仕掛けを避けるようにはならなかったということである。考えてみると、これは当然かもしれない。というのも、魚たちにとって、生活する中で口に物が刺さるということは、釣りに限らず日常的に想定できる。餌を食べたら口に何かが刺さるという嫌な経験と、糸につながる餌を避けるという行動は結びつかないのであろう。しかし、二つ目のグループの、餌を食べたあと水中で引っ張られる経験をした魚は、半分の魚は仕掛けを避けるようになった。釣りの途中で釣り逃した魚も、魚は釣りの仕掛けを学習するということである。餌を食べて糸で引きずられるということは、糸に直結した経験である。そのため、この経験をした魚は糸を危険なものとして捉えるようになったのだと考えられる。一方で、三つ目のグループの、餌を食べたら網で引き上げられる経験をした魚は、ほとんどの個体が仕掛けを避けずに餌を食べた。このグループの魚は糸に引っ張られることなく網で水上に引き上げられている。水上に無理やり出される経験は、魚にとって苦しいことだとは思われるが、餌を食べることと水上に引き上げられることにつながりがないため、糸と関連づけた学習が成立しなかったのであろう。

この実験が何を意味しているのかというと、魚は釣りに関係しそうな経験と仕掛けを避けることを関連づけて学習しているということである。餌を食べたら「口に物が刺さる」や「網で引き上げられる」ということは、釣り以外でも起こりうる経験であるため、釣りと直接関連づけて学習することはない。一方で、餌を食べると「糸で引きずられる」ということは、釣り以外では想定しにくい経験であろう。このような「釣り」が想定される経験でのみ、仕掛けを回避するようになるということは、釣りに特化した覚え方をしていることであり、この学習は釣りに対する魚の有効な戦略なのかもしれない。

魚に限らず、動物は生活に関連した学習の仕方をする。たとえば、ネズミは餌を食べてお腹が痛くなった場合は餌を避けるようになるが、餌を食べて電気ショックを与えられたときは餌を避けるようにはならない。ヒトでも、生活で想定される物事であると学習しやすいということがあるのではないだろうか。たとえば、ネズミの研究と同様に、変なものを食べた時に腹痛になったら、その食べ物が原因だと思い、次からは避けるようになるだろう。そう考えると、マダイという魚は、釣りの仕掛けを覚える時、「釣られる」ことと結びつきやすい情報を「危険」と捉えるような認知機構を備えているのかもしれない。このような特定の情報に対して、ある学習が成立しやすくなることは学習の準備性といわれる。生まれつき、想定しやすい事柄において、学習の備えがあるということだ。タイが今回のような仕掛けの学習が素早くできるということは、「糸につながる餌を食べたら引きずられる」という事柄に対して、学習のしやすさが備えられていたのかもしれない。なんにせよ、釣り逃したら釣りにくくなるということなので、釣り人の方々は一度かかった魚はバラさないように気をつけたほうがいいだろう。

5 釣られる仲間を見て学ぶ

最後に、釣り人たちが気になるであろう釣り仕掛けの観察学習についても触れておこう。釣りの学習の話をすると、高い確率で言われるのが、「実際には釣られた魚はそのまま食べられるから学習する機会はないんじゃない？」という疑問である。たしかに、これは一理ある。今回の実験で使ったマダイの稚魚であれば、その多くはリリースされるかもしれないが、食用となる魚であれば、その多くは釣り上げられたら食卓に並ぶことになる。食べられてしまっては、学習の成果を発揮する機会は二度とない。釣り人たちの腕がたしかであればあるほど、自身の経験による学習だけでは、釣りの仕掛けを避けるには不十分だとも言える。一方で、3章でも説明した通り、魚は他者の行動を見ることで学習する観察学習の能力を備えている[5]。釣りの仕掛け学習についても、他の魚が釣られる場面を見て学習できるのであれば、自身が釣られるリスクを下げつつ、仕掛けを回避できるかもしれない。観察学習は、魚が釣りの危険を避ける上でもとても機能的な学習と言える。

そこで、マダイが他個体が釣られる様子を見て仕掛けを避けるようになるかを調べてみた。実験では水槽内に設置した透明パイプ内の個体が釣られる様子を水槽の魚に見せるということをしてみた。やはりシンプルな設定だ。比較する対照区では、先ほどの網で取り上げられる魚の様子を見せた。こうすることで、単に同居の魚がいなくなったことで、見ていた魚が不安を感じて仕掛けを避けているわけではないということを確かめられる。他者が釣り上げられる様子を一回見せた後に、水槽に残った魚に仕掛けを与えて食べるかどうかを見てみた。すると、他者が釣られる様子を見せた魚では、半分程度の魚が仕掛けを避けていた。一方で、自身が経験しても避けるようにならない網による取り上げを見ていた魚は、すべての魚が釣られた。つまり、マダイは他の魚が釣られるのを見るだけで仕掛け回避学習ができるということである。

　実は、実験を始めた当初の私は、魚は他の魚が釣られるのを見るだけでは仕掛け回避学習はできないだろうと予想していた。観察学習についていろいろ実験をしてきたわけだが、必ずしも見るだけでは覚えることがないこともあったので、ただ糸で引き上げられる魚を見るだけで覚えるとは到底思えなかったのである。しかし予想に反し、魚は釣り仕掛け回避を見るだけでも学習できる能力を備えていることが明らかになった。

　この結果は、私にはとても面白いものだが、釣り人にとっては嬉しくない答えであろう。釣り場で魚を釣ると、そこにいる周りの魚が釣れなくなってしまう恐れがあるからである。隣の腕の良い釣り人が先に釣ってしまうことで自分が釣れなくなったら、たまったものではない。しかし、この話を釣り人にすると、懐疑的に受け止められることもある。「アジなどの群れを釣っていると、一匹釣れても次々釣れるから観察学習はしていないと思う」と言うのである。これについては、私も同意見であるが、予備的に調べた実験が、このことを説明できるかもしれない。

　じつは、右記の観察学習の実験をする前に、一つの水槽にマダイを五匹入れて釣りをするということをしていた。釣り上げた魚を取り出して、残った魚が観察学習をするのであれば釣れなくなるだろうという考えであった。しかし、実際にやってみると、水槽の魚は次々に釣られていった。「やっぱり魚は釣り仕掛けの観察学習はできないんだな」と思った私だったが、五匹の魚のうち、立て続けに四匹を釣りあげた後、奇妙なことに気づいた。水槽に残された最後の一匹が、なぜかなかなか釣れないのである。これはどういうことだろう。私の仮説はこうだ。水槽に複数の魚がいるときは、周りには餌を取り合うライバルがいることになる。このとき、魚たちにとっては、釣りの仕掛けを食べた魚がいなくなるのを見て、仕掛けが危険であることを頭の隅に置きつつも、ライバルより早く餌を取りたいという食欲が勝って危険かもしれない仕掛けの餌でも食べていたのだと想像される。しかし、周りの魚が釣り上げられて、餌をめぐるライバルがいない状況になると、急いで危険な仕掛けの餌を食べる必要がないため、釣り上げられる危険を避けることを優先して釣られなくなったのではないか。周りにライバルがいるような状況では、魚間での餌に対する競争効果がはたらくため、仕掛けに対する観察学習はできても実際には発揮されなくなるということであれば、大群のアジが釣り続けられることの説明もつく。少々魚を擬人的に捉えすぎた拡大解釈の感は否めないが、これはそんなに的外れでもないと考えている。いずれにしても、まだまだ調べないといけないことは多そうだ。

⑥ 釣り人と魚の駆け引き

さて、本章では、人と魚の駆け引きである「釣り」に関する魚の心理を調べてきた。マダイでの実験結果をまとめてみよう。まず、マダイは釣られる経験をすると、釣りの仕掛けを避けるようになることがわかった。これまでに不確かであった釣りの仕掛け学習だが、魚がこれをできるということが証明されたと言えよう。そして、学習は一〜二回で成立すること、学習した魚は必ずしも釣れないわけではないが、針を回避して餌だけをうまく取れるようになることで、かなり釣れにくくなることも明らかになった。さらに、少なくとも一部の魚は、一度学習した釣りの仕掛けを二ヶ月以上は覚えているようである。おそらくみなさんが想像する以上に魚が釣りの仕掛けに対して優れた認知・学習能力をもっていることを感じていただけたのではないだろうか。手のひらに乗るほどの小さな魚とあなどるなかれ、マダイは今日もあなたの釣りの仕掛けを見てあざわらっているのかもしれない。

マダイが釣りの仕掛けに対して優れた認知能力をもっているのは、彼らが生き残るために、釣りという脅威に迅速かつ適切に対応する必要があるからだろう。魚に限らず、動物は自分の生命に関わることについては、高い認知能力をもっていることがある。これは、ヒトにも同じことが言える。

一度食べて死にそうな目にあった食べ物は、二度と食べないようにすぐに覚えるだろうし、一度覚えたら忘れることもないだろう。そういう意味では、魚もヒトも自分の生命に関わる脅威を素早くかつ適切に学習できるという点では、それほど違いがないのかもしれない。

釣りの仕掛けに対するマダイの心理を見ると、彼らは餌ではなく釣りの仕掛けのうち「糸につながる餌」を脅威として捉えているようであった。また、「釣られる」という過程において、「糸で引かれる」という釣り特有の経験がこの学習を引き起こしていた。これは、魚が釣りの脅威に直面したときに、「糸」に注意を払っていることを暗に示している。物事の関係性を覚えるとき、あまりにかけ離れた事象はなかなか結びつかない。たとえば、あなたが恋人に全然思いあたらないことで怒られても、なかなか覚えられず、また同じ過ちを繰り返してしまうだろう。しかし、「これをしたら怒られるかな」と予想していることでやっぱり怒られたとしたら、そのことはすぐに覚えることができて、繰り返すことはなくなるかと思う。少しニュアンスは異なるため伝わりにくいとは思うが、魚の仕掛け学習は、これと同じようなことなのかもしれないと考えている。糸につながれている餌を見たマダイは、これを食べたら引っ張られるかもしれないと予想して仕掛けを回避しているのではないか、つまり「糸につながれた餌」と「釣りの脅威」とを関連づけて学習しているのではないかと考えられる。このような「釣り糸」に対する意識があるということは、マダイが「釣り」という脅威の本質を的確に理解していることを示しているのかもしれない。

なぜ魚がこのように「釣り」を捉えているのかということは、もしかしたら魚と釣りの歴史が関係しているのかもしれない。はじめに言った通り、「釣り」という生業は古くからおこなわれてきたようだ。遺跡から釣り針がみつかることはしばしばあるようだが、少ないながらも釣り糸のようなもの（ナイロンなどがない時代は麻紐などが使われていたようである）も見つかっているらしい。[6] 魚とヒトの糸を通じた駆け引きは、古来からずっと続いているということである。人間社会の発達に伴い、釣具は「進歩」を遂げてきた。しかし、それと合わせるように魚も釣りの仕掛けに対して適切な対応ができるような「進化」をしてきたのかもしれない。釣りという自らの生命や繁殖に関わる脅威にさらされてきた魚は、「釣り」の脅威に対する適切な認識や学習能力を備えるようになったのではないか。

釣りではないが、漁業が魚類の行動に影響をおよぼすことはすでに知られている。刺し網という漁業は、網を海中に設置して、そこに刺さった魚を漁獲する漁法だが、刺し網漁では、「大胆」な性質をもつ魚がかかりやすい。刺し網漁を継続しておこなうと、周辺では「大胆」な魚が獲られることになり、次第に「臆病」な魚が相対的に増えてくると言われている。このように、漁業がヒト・魚の間で継続的におこなわれると、特定の特性をもつ魚が選択されるような「漁業がもたらす進化(Fishery Induced Evolution)」が生じると考えられている。[7] 釣りが魚類資源に与えるインパクトがどれほど大きいかは定かではないため、人間による釣りの脅威によって魚にとっての「釣り」に対する認知能力が進化したというのはもちろん私の妄想である。しかし、釣りの対象とならない魚では、釣りの対象であるマダイと釣り仕掛けに対する認知・学習能力が異なることが示されつつある。通常では釣りと遭遇することがないキンギョの釣り仕掛けに対する回避学習の能力を調べる実験をしたところ、彼らの多くは一度の釣獲で仕掛けを避けるようになった。しかし、仕掛けの回避を学習した魚の多くは釣られた時の餌自体を避けており、仕掛けにつける餌を変えるとほとんどの魚がこれを食べた。つまり、マダイと違ってキンギョは仕掛け（糸につながった餌）ではなく「餌自体」を危険なものとして捉えているということである。このような覚え方は、釣られたときの餌を食べることがなくなるため摂餌の機会が減ってしまうし、なにより餌を変えたら難なく釣られてしまう。釣りの危険が多い環境では全く機能的ではない。マダイとキンギョでは、系統的に大きく異なり、その生活環境もかなり違うため、あまり大きなことは言えないが、少なくとも釣りの対象とならない魚の場合は、必ずしも釣りを回避するのに適した認知能力を備えていないのかもしれない。もしそうだとすると、魚の釣りに対する高度な学習能力は、ヒトが魚を釣り続けてきたことへの対抗戦略である仮説も大きくは外れていないかと考えている。

私の妄想はこのあたりにしておいて、最後に魚の仕掛け学習について釣り人の視点から考えてみたい。釣り人の願いは「もっとたくさん釣りたい」ということなので、釣りの脅威を学習した魚を釣る方法を考えてみよう。まず繰り返し述べてきたように、釣りあげた魚はすぐに仕掛けを覚えてしまうが、絶対釣れないというわけではない。なので「学習したから釣れないんだ」という言い訳は通用しない。しかし、学習した魚は餌だけを上手に取るようになる。このうまく餌だけを取るようになった魚を逃さないためには、微妙な食いつきを確実にものにする技術が必要であろう。つま

魚たちの釣りを学習する能力は想像以上に高そうだ。釣れない時にそんな魚の心を想うと、釣れない釣りも楽しくなるかもしれない。

り、釣り人の腕前がモノを言うということだ。一方で、魚は仕掛けの仕組み（糸につながった餌）を覚えるため、餌や仕掛けの外見を変えても効果はあまり期待できない。糸をなくせば釣れるかもしれないが、それはもはや釣りとは言えないだろう。どうも、釣りの脅威を学習した魚を釣るのは難しそうだ。

では、釣りの脅威を学習させないような釣り方を考えてみよう。魚は水上まであげなくても、糸との駆け引きがあるだけで釣りの脅威を学習することができる。つまり、一度かかった魚は絶対に逃してはいけない。これまた、魚を確実に逃さない腕が求められる。また、あまりに魚との駆け引きが長くなると、周りの魚に観察学習が成立するかもしれない。つまり魚が仕掛けにかかったら、周りの魚に学習される前に速やかにかつ逃さずに釣り上げないといけないことになる。これもまた釣り人の腕前が問われるところであり、万人がこれだけの技能を身につけるのはなかなか難しそうだ。結論を述べると今回の実験では、残念ながら「こうすれば釣れる」という答えを導くことはできなかった。魚を釣りたければ、己の腕を磨くしかない。しかし、これらの事実は魚目線で考えれば当然ともいえる。なぜなら彼らは、生死をかけて釣りを避け続けているのだから。

ともすれば、魚と釣り人とは古来こうした駆け引きを積み重ねて今のバランスが成り立っていることは間違いない。魚と釣り人の駆け引きはこれからもまだまだ続きそうだ。

6章

綺麗好きなハゼ

1 私は掃除ができません

突然の告白だが、私は掃除ができない。実際には、いざすることになったら、そこそこキチンと綺麗にするので、「できない」わけではなく「しない」という方が正確であるかもしれない。なぜ私が掃除や片づけをしないのかというと、「なぜ掃除や整理をしないといけないのかがイマイチわからない」からである。もちろん、掃除をする意義は頭ではわかっている。残飯をそのまま放置していたらカビや悪臭が発生して健康被害が起きるし、机の上を整理しないとモノがどこにあるかわからなくなってしまうというのもわかる。しかし、最低限の清潔を保てていて、必要なモノがどこにあるかが把握できているのであれば、それ以上掃除や片づけをする必要はないだろう、と常々感じている。

しかし、普通の人はそうは考えないようだ。そのため、仕事場や生活空間を共有している人がいると、私はいつも怒られることになる。「部屋が汚いから掃除をしなさい」とか「もっと机の上を整理しなさい」とか、子供の頃からずっと言われてきた気がする。怒られる時、私はいつも感じていた。「まだ、自分の中では掃除をする段階じゃないだけで、汚いと感じたらもちろん掃除するんだからほっといてよ」と。このように感じることは、なにも掃除に限った話ではない。私は、大学院生の頃から、フォーマルな場以外では、基本ビーチサンダルで生活をしている。普段から濡れやすい作業が多く、脱ぎ履きがしやすく、かつ走行性能も高いビーチサンダルはとても便利なのである。気づけば冬になっている。この時期、初対面の人に会うと、ほぼ一〇〇％「寒くないの？」と言われる。もちろん、私だって馬鹿ではない（つもりである）。寒ければ靴下も履くし、長靴だって履く。足元は大して寒くないからサンダルなのである。ただ、周りからは、強がりやカッコつけで履いている「イタイヒト」のレッテルを貼られることになる（冬にサンダルを履くことがカッコいいはずはないということも承知している）。

私の仕事場のデスク周りはたいていいつも散らかっているが、どこに何があるかは把握できている。整理をする必要性がわからないからしないのだ。

このことを考えると、ヒトにはそれぞれ行動を起こす際の感覚に「閾値」があるのだ。寒いと感じると暖かい靴をはき、汚いと感じると掃除をするのである。しかし、この「寒いと感じる」「汚いと感じる」閾値には個人差がある。割とすぐに寒く感じる人（寒さを感じる閾値が低い人）は秋には靴に履き替えるし、少しの汚れにも耐えられない人（汚さを感じる閾値が低い人）は頻繁に掃除をする。この閾値の違いはわずかなものであれば日常生活の中で見過ごされるが、私のように極端な例だと変人扱いを受けることになる。

しかし、そもそも行動の発現は、その人がその行動を必

私は一年中ビーチサンダルで生活をしている。寒くないのでビーチサンダルを履くのだが、周りからは変人扱いを受けることも多い。心外だ。

要と感じるから起きるのである。私の場合は、寒くてもしもやけにならないのであれば靴を履く必要もないし、ちらかっていても健康被害がないなら掃除はしなくていいと考える。少なくとも私は、冬のサンダルや汚い部屋で自身の生活に支障を感じたことはない（と思う）。つまり、生きていく上でそれほど必要性を感じないということだ。

大分ずれてきたので話を掃除に戻そう。通常、ヒトは、生活空間の掃除をする生き物だ。しかし、そもそも生活空間の掃除は、本当に必要なのだろうか。ヒトになぜ掃除をするのかと問えば、「汚れていると生活に支障が出るから」、つまり生きていくために必要だから掃除をするという答えになると思う。しかし、真に生物が生きるために必要な行動であるならば、ヒト以外の動物も掃除をしているはずである。しかし、生死に関わる重要なことを優先する動物たちにとって、生活空間の掃除などあまり意味がある行動だとは思えない。もし動物たちが掃除をしないなら、掃除という行動が動物（ヒトを含む）の生存にとって重要ではないことを示せるのではないか。よし、魚が生活空間の掃除をしないことを明らかにして、世の綺麗好きに掃除の必要なさを叩きつけてやろう——。本章で紹介する研究は、そんなほとんどの人にとってどうでもいいモチベーションから生まれたものである。

2 動物たちにとっての掃除

そもそも掃除とはなんだろうか。ヒト社会においては、快適な生活をするため、不要なものを取り除いて住まいを清潔にすること、と定義されているようだ。一般的には、ヒトでの掃除は自分の部屋などの生活空間をキレイにする行為を指す。一方で、動物においても掃除行動というものがあるのだが、こちらの掃除の捉え方はもう少し広く異物を除去する行動全般を含み、掃除行動は複数の段階に分けて考えられる。一つは、本章のテーマである生活空間の掃除行動だ。生活する環境中に堆積した余計な物や異物を排除することである。ヒトが部屋に掃除機をかけたり、机の上をキレイにしたりするのはこれに当てはまる。生活環境レベルでの清掃と言える。次に、身体に付いた異物の除去であり、これは個体レベルでの清掃である。ヒト社会でいう掃除とは少し違う意味合いになるが、お風呂で体を洗うことや、身体に虫が付いたときに振り払う行動が、これに当てはまる。よりミクロなスケールでは、体内でも掃除行動と捉えられるものがある。目や鼻に入ったゴミを涙や鼻くそとして出すといった器官レベルでの異物除去も、広い意味では掃除行動とされるようだ。

動物の掃除行動では、個体レベルでの掃除行動の研究がよくなされている。たとえば、サルが身体についた寄生虫や異物を取り合うグルーミングや鳥類がおこなう水浴びや砂浴びは、このレベル

の掃除行動と言える。これは、自身の健康維持や個体間のコミュニケーションの手段としても機能

している。同様の例は、魚でも見られる。自分の身体に付いた寄生虫を岩に擦りつけて落としたり、

他の魚の身体に付いた寄生虫を掃除する専門の魚などもいたりする。魚の掃除行動の研究となると、

特に他者の体を掃除する掃除魚の研究がほとんどである。

一方で、動物が生活空間レベルの掃除行動をすることも報告がある。わかりやすいところでは、繁殖にもちいる巣の掃除行動がこれに当てはまる。繁殖巣内に溜まったヒナの食べ残しやフンの除去などで、鳥などではよく見られる行動である。[1] このような繁殖行動に関わる生活空間の清掃は、魚でも見られる。[2] いくつかの魚は、繁殖のためにオスが巣を作り、そこにメスが産卵をするという繁殖様式をとる。このような繁殖巣を作る魚では、鳥と同様に繁殖巣内の清掃がしばしば観察されている。一方で、この繁殖巣の掃除行動は繁殖行動の一環とも言える。巣内に不潔なものがあると、卵やヒナに雑菌が増えたりするため子孫の生き残りに悪い影響をおよぼす。そのため、異物を取り除くことは、繁殖成功率を高める行動と言えるだろう。魚では、多くの場合、繁殖巣を形成するのはオスの魚であるが、メスによくモテるオスは繁殖巣の掃除行動を活発におこなうという報告もあるようだ。[3] 綺麗好きなオスがモテるというのは、個人的には納得がいかないが、子供の生き残りを考えると妥当な戦略なのだろう。余談だが、ヒトの妊婦も出産が近くなると掃除をする行動が増えるという話を聞いたことがある。科学的根拠があるかは定かではないが、その後に控える育児に向けた、繁殖行動の名残なのかもしれない。

繁殖巣の掃除を考えると、生活空間の掃除が動物の行動として重要な意義があることは私にもわかる。しかし、ここで見られた掃除行動は、あくまでも繁殖行動あるいは子育て行動である。もちろん私だって、子供の部屋が汚ければ怒るし、それによって健康被害が出そうであれば、きちんと掃除はする。ただ、私が気になるのは、繁殖という特別な文脈ではなく、日常生活における生活空間の掃除行動である。過去に報告がないかそれなりに調べてみたが、繁殖行動以外で見られる掃除行動については、魚はもちろん他の動物でもその例はあまり見つからなかった。やはり生活空間の日常的な掃除は動物には不要なのかもしれない。ヒトにおいても、みなが普通にしている掃除をする行動が、なぜおこなわれているのかは立証されていないのだ(と思われる)。そんなことを他人に強要するのはどうなのだ?「日常的な生活空間の掃除を、動物がおこなうのか」が研究されていないなら誰かがやらなければなるまい。もはや、私に与えられた使命である。これが、私が魚の掃除行動の研究をしてみることにした動機なのだが、はっきりいって単なる個人的興味である。そもそも先行研究がないということは、学術的な価値がないということを暗に示している。ただ、だからこそ自分のような研究者が興味本位でやるべきことなのだ。

この時、私は研究の拠点を長崎大学に移し、日本学術振興会の特別研究員(学振PD)というポストで研究活動に励んでいた。この学振PDというポストは、学位を取得した後に機関から研究費と生活費をもらって好きな研究に没頭できるという、若手の研究者にとってとても恵まれたポストである。この学振PDでは、これまで所属していた研究室から離れて、新しい場所で研究をしないといけない。この時、長崎大学の竹垣毅先生に誘っていただき、幸い一年越しで採択されたため、こちらの研究室で研究をしていた。

竹垣先生の運営する研究室は水産学部に所属しているのだが、学部の中ではかなり異質な研究室であった。というのも、竹垣先生は魚類の行動生態学や進化生態学を専門とされていて、増養殖や漁業とはその目的がかけ離れていた。研究対象となる魚も、アジやタイなどの水産重要種を扱っていない。竹垣先生は、研究にとても貪欲な方で、メンバーの研究内容に対しても「面白ければええんちゃう」と寛容な考えをもっておられた。私の専門である魚類の心理や学習にも興味をもたれ、受け入れてくださったようだった。

竹垣先生には、研究環境の整備などで大変お世話になった。自分の研究は海水魚を大量に飼育する必要があったので、研究室の限られたスペースでは実験が難しい。そこで、キャンパス内の放置されている大型水槽（幅六メートル×奥行三メートルほど）を貸してもらい、その「水槽の中」にビニールハウスを建てて、通称「高橋ハウス」と言われていた研究拠点を作らせてもらった。この高橋ハウスは、直射日光を遮るために周囲が遮光シートで覆われており、ハタから見るとなんとも怪しいものではあったが、電源もあり、照明完備のとても素晴らしい研究設備が整えられていた（快適とは言えなかったが↓詳細はコラム2）。

高橋ハウス外観

ぱっと見怪しいほったて小屋だが、中には魚の飼育水槽が並んで、電源もある素晴らしい研究設備であった。ただ、大雨の時は浸水したりと過酷な環境でもあった。

3 ハゼだって掃除する

竹垣研究室で扱う魚の多くは、岩礁性潮間帯（いわゆる潮だまり）に棲む魚であった。所属する学生たちは、大学から一〇キロメートルほど離れた潮だまりでの野外観察や、捕まえた魚を研究室で観察する行動実験をおこなっていた。研究の主要な対象は、この潮だまりに棲む魚の繁殖生態であった。その中でも盛んに研究されていたのが、この章の主役となるクモハゼというハゼの仲間である（口絵参照）。

クモハゼは、この研究室のフィールド研究の積み重ねから繁殖期が明らかにされていた。例年五月のゴールデンウィークを過ぎた頃から繁殖期が始まり、夏が終わる頃に終了する。繁殖期になると、大型のオスは岩の下や貝殻の隙間などに繁殖のための巣をもつようになる。そして、営巣を始めたオスは、繁殖時期になるとメスに求愛をして巣に連れ込み、卵を産み付けてもらう。メスは卵を産んだ後は巣から離れていくが、残されたオスは卵に水を吹きかけたり、ゴミを取り除いたりといった子育てをする。[4] この繁殖期では、メスに卵を産み付けてもらうために、あるいは卵の世話の一環として、クモハゼのオスは巣内の掃除行動をおこなう。つまり、繁殖期に掃除をする魚なのである。

図36　クモハゼの清掃行動の実験水槽

クモハゼが住処の掃除をするかの実験。住処として植木鉢をいれて、その中に異物として釣りの錘を設置した（写真）。住処の反対には餌場を設置して、その中に同じように錘を配置した。掃除をするなら、住処の中の錘だけを動かすはずである。

　一方で、クモハゼの繁殖期外の生態についてはまだ調べた人がおらず、ほとんどわかっていなかった。繁殖期外でも住処の清掃をするかどうかを調べれば、魚の日常生活での掃除の必要性を確かめられるかもしれない。そう考えてさっそく実験してみることにした。

　先ほど言った通り、この魚は繁殖期がはっきりとしていて、冬の時期は繁殖活動はおこなわない。そこで、研究室の学生が実験に使い終わった魚をもらって、繁殖が終わった後の冬の時期まで飼育して実験をしてみることにした。実験では、植木鉢を半分に切ったものを入れて、魚の住処となるように水槽内に設置した（図36）。この住処の中には、釣りで使う錘（カミツブシといわれる大きさ一センチメートル程度のラグビーボール型の鉛）を入れておいた。この錘は住処の中では異物となるであろうという想定である。実験に用いた魚は体長七センチメートルくらいなので、身体のサイズからしたらそこそこな大きさであり、住処で生活するにはそこそこ存在感はあるであろう。魚を水槽に入れて放置して、住処の中の異物が外に出ていれば、クモハゼが住

掃除実験の様子

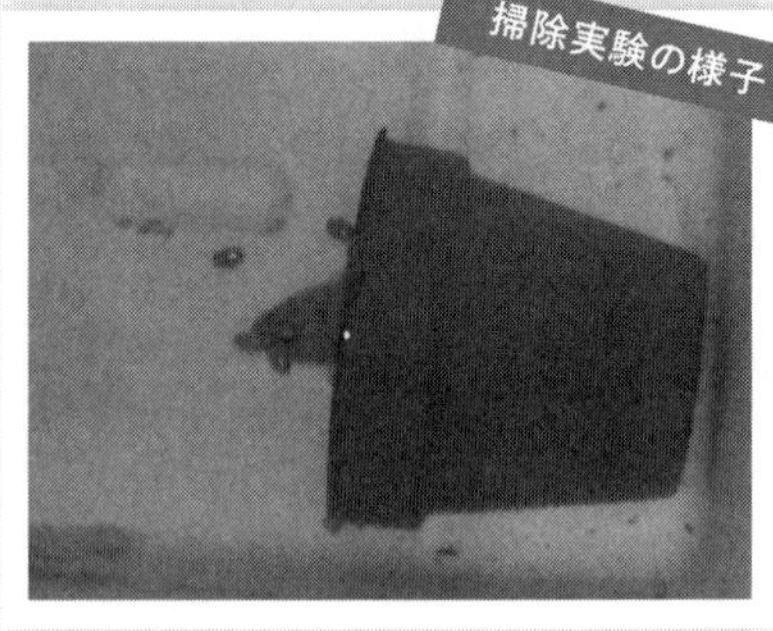

住処の外に錘が出されているのがわかる。実験に用いたオスメスの全ての魚が住処の外に錘を出していた。

処の掃除をしたと考えられるという算段だ。繁殖期以外の魚はどうせ掃除をしないだろうと予測していたこともあり、とても単純な実験である。

実験には、クモハゼのオスとメスを一〇匹ずつ使うことにした。実験に使った魚は、繁殖状態も確認したのだが、オスは精巣が発達していない非繁殖状態であったが、なぜかメスは卵巣が発達している繁殖状態にあった。ハゼを飼育している水槽の水温を上げていたため繁殖状態になっていたのかもしれない。なぜメスだけなのか、その理由はわからないが、クモハゼのオスとメスでは繁殖を引き起こす条件が違うのかもしれない。本来の目的としては繁殖状態でない魚の行動が見たかったのだが、メスはそもそも繁殖期にも掃除をすることはないはずなのでそれほど問題ではないだろう。

植木鉢の中に錘をセットした二四時間後に水槽を覗いてみると、そこには目を疑う光景が広がっていた。私の想定と違い、すべての実験で、植木鉢の外に錘が出されていたのだ。繁殖状態でないオスでも繁殖期に営巣しないメスでも、例外なくすべての魚が掃除をしていたのである。この実験では、餌と勘違いして錘をつついて偶然住処の外に出てしまう可能性もあったため、住処の中とは別の場所にも錘を設置していたのだが、この錘はほとんど動かされることはなく、住処の中の錘が住処の外に出されているのは明らかであった。住処の中に入れていた錘の多くは、住処から数センチの位置に出されていて、いかにも魚が住処の中の異物を意図的に除けているようにも見える。これでは、掃除は魚にとって生き残る上では重要でないので掃除をしない、という私の仮説が覆されてしまう。困ったものだ。

しかし、この実験では、実際に魚が掃除をしている様子を確認していない。もしかしたら、錘が偶然住処の外に出てしまったのかもしれない。そこで、今度は魚の住処の入り口での様子を観察してみることにした。実験では、夜間でも撮影できる赤外線カメラを使用して、魚の行動を半日ほど撮影してみた。個体差や性差があるかもしれないので、実験ではオスメスそれぞれ二匹ずつの魚を用いた。撮影を始めた翌日、実験水槽を見ると、やはり錘が住処の外に出ている。ただ、これが魚が意図的に出したものなのかはわからない。はやる気持ちを抑えながら映像を見てみると、期待はずれというか、予想通りというか、映像に映るクモハゼたちは見事に「掃除」をしていた（図37）。撮影したビデオ映像の中でクモハゼたちは、尾びれを激しく振ったり、吻（口の先）で押し出したり、口に咥えて吐き出したりと、様々な方法で、どの魚も異物除去をおこなっていた。口先や口にくわえて吐き出す行動などは、魚が積極的に掃除行動をしているようにさえ見える。手のない魚は、手より先に口が出るようで、器用に口を使って錘を除去していた。繁殖以外の文脈であっても、クモハゼたちは日常的に住処の掃除を積極的におこなうということである。また、この実験では複数の大きさの錘を使っていたのだが、小さいものは咥えて出して、大きくて咥えられないものは吻で押

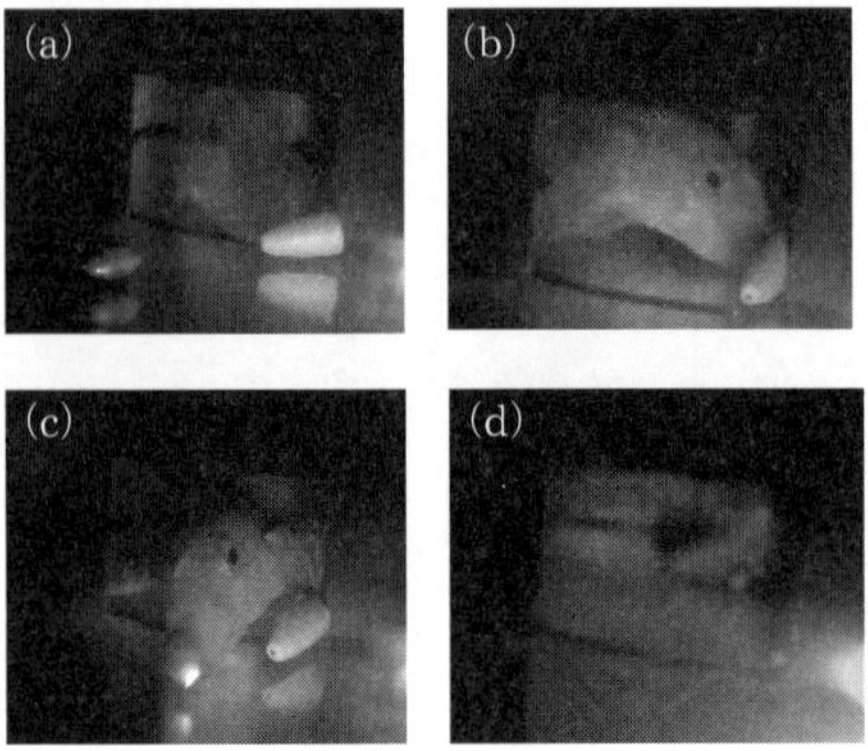

図37　クモハゼの掃除の様子

住処の中の錘を積極的に除去している。
(a)尾びれで掃き出す(0'04〜39)　(b)吻を使って押し出す(0'40〜1'21)
(c)口に加えて吐き出す(1'22〜2'47)　(d)胸びれを使って押し出す(2'48〜)
〈動画URL〉https://youtu.be/rkl6c4mBN2M

し出しているようで、対象に応じて行動パターンを変えていた。ヒトが道具を使い分けて掃除をするように、魚も身体の部位を使い分けて掃除をするようだ。当初の私の予想（魚は掃除をしない）とは反するものではあったが、このような予想外の行動はやはり見ていて面白い。

映像を見ていると、気になる行動があった。少ない回数ではあるが、魚が胸びれを使って異物除去をおこなっていたのである。先ほど、手がないから口を使うと書いたが、手を使うように胸びれを使うことがあるということだ。魚の胸びれは、一般的には泳ぐ際の方向転換や速度の制御、姿勢維持などに使用されると言われている。しかし、いくつかの魚では、胸びれは他にも様々な機能をもつことがわかっている。たとえば、水面を飛ぶトビウオは、胸びれを使ってジャンプをするし、セミホウボウという魚などは、胸びれの先端部を指のように使って砂の中の餌を探す。ある研究では、魚の胸びれは、四足動物の指と同一の遺伝子発現によって作られているということも言われている。[5] 今回見られたクモハゼの行動は、魚が胸びれを手のように使用できることを示している。これは、本来の研究の目的とは大きく異なるが、魚の胸びれの機能を考える上で、新発見である。

4 なぜ掃除をするのか

今回の実験で用いたすべての魚において、住処の中の異物を除去する行動が見られた。この行動は、繁殖期外のオスでも、巣を作らないメスでも見られたことから、クモハゼの掃除行動は繁殖活動とは関係なくおこなわれる行動である。クモハゼにとって住処の掃除はごく日常的な行動のようである。これは当初の私の思惑に反する結果であった。住処の中の異物など大して生活の邪魔になるわけでもないので、そのような異物を除去する行動は機能的だと思えない。そのような無意味な行動は、機能的な生き方をする魚には不要なため起こらない（だからヒトでも不要な掃除はする必要がない）、ということを言いたかったのだが、残念ながらその考えを支持する結果にはならなかった。

では、なぜ魚は繁殖期外にも生活空間の異物除去をおこなったのだろう。これには、いくつかの可能性が考えられた。一つは、実験に用いた錘は鉛製であるため、魚にとって害のあるものを排除していた可能性である。鉛は魚にとって身体に害をおよぼすことがあるので、毒物である錘を生活空間の外に出していたのかもしれない。そこで、魚にとって害がない砂利を住処に入れてみた。しかし、クモハゼたちは、鉛の錘と同じように住処の砂利を排出していた。どうやら、材質が鉛だから出しているわけではなく、異物であれば出すということのようだ。では、住処の中の通路の妨げになるから、邪魔なものを出しているのだろうか。家の中の通り道をふさぐようなものは、掃除嫌いな私でも除けたいと思う。そこで、異物を住処の隅っこの壁に設置して、魚の身体に触れにくいところに置いてみた。しかし、やはり魚はこの邪魔にならなそうな異物でも住処の外に出すようであった。直接生活に支障がなさそうなものであっても、自分の住処とする場所に異物があると外に出すということである。

魚が異物を除去しない状況を調べるために、他にも実験をしてみたが、どの条件でも魚は住処の異物を除去していた。どうやら、魚は住処にあるものはとりあえず掃除するという、ヒトの掃除と同じようなことをしているようだった。私の考える限りでは、魚が掃除をするということに明確な理由はなく、とりあえず魚も日常的に生活空間を掃除するということになり、私が当初掲げていた「掃除は生きる上で必要ないから魚は掃除しない」という仮説はこうして見事に棄却されてしまったのである。

ただし、唯一、魚が掃除をしない条件があった。これまでの実験では、体長六センチメートルほどの大型の魚のみを使っていたのだが、試しに魚の大きさを変えて同様の実験をしてみた。すると、これまでとは異なり、小型の魚は住処の異物除去をしなかったのである。魚に合わせて錘の大きさを小さくしていたため、小型の魚でも十分に出すことができるサイズの異物であったのだが、体長五センチメートルより小さい魚では、ほとんどの魚がこの異物の掃除をおこなわなかった。これは、魚の住処を作るという習性が関係しているのかもしれない。クモハゼという魚は、繁殖期にオスが繁殖のための巣を作ると説明したが、実はこれは大型のオスに限られた話である。小型のオスは、自身で繁殖巣を作らず、他の大型オスが作った巣にメスが卵を産みつけたタイミングを見計らって、侵入して放精するという繁殖戦術をとる。[4]このような戦術は、スニーキング戦術と言い、この戦術をとる小型オスはスニーカーと言う。住処の掃除行動は、このスニーカーとなる大きさの魚では見られなかったのである。もしかすると、小型の魚は特定の空間に対して自分の住処という捉え方をしないのかもしれない。ヒトの場合でもそうだが、自身の生活圏以外が汚く散らかっていても、そこを掃除することはあまりないだろう。小型の魚でも、住処として設置された構造物を利用している様子は見られていたが、彼らにとってこれは一時的な避難場にすぎず、自身の住処（生活空間）とは認識していなかったのかもしれない。この仮説はまだまだ検証が必要だが、もしかすると「住処という生活圏をもつ」という概念が魚にもあり、これが掃除行動を引き起こす要因なのかもしれない。つまり、掃除をする行動は、自身の生活圏の生活の質（ＱＯＬ）を上げたいという心理からくる行動なのかもしれない。

この研究の結論は、魚は明確な理由なく掃除をする、ということになり、結局私が知りたかった「なぜ掃除をするのか」ということはわからなかった。魚でも掃除をするのだから、四の五の言わずに掃除をやりなさいということだと諦めるしかなさそうだ。本章の実験は、他の人からみればどうでもいいモチベーションからはじまった、私の超個人的な興味の研究である。しかし、魚がヒトのように掃除をするという事実は、他の人がどう思うかは分からないが私にとってはとても刺激的な発見であった。一生懸命に住処を掃除する魚の様子はいじらしく、愛着がわく。やはり魚はとてもヒトらしい。また、偶然の発見ではあったが、魚が胸びれを手のように使うことがあるというのは、興味深い発見である。もしかしたら、魚の胸びれの機能として、新たな知見を学術界に提唱できるかもしれない。研究のきっかけは個人的などうでもいい興味であったが、そこから新しい発見につながることは、この研究以外にもあることだろう。研究の対象となる動機は何でも構わないから、思い立ったら「とりあえずやってみる」というバイタリティがあれば、新たな発見につながることがあるかもしれない。これこそ基礎研究の本質なのだと個人的には思う。

7章

学習を魚に学ぶ

1 魚の学習実験を教育に活かせないか

本書ではここまで、私がおこなってきた魚の心理に関する研究を紹介してきた。魚たちが、餌の場所を覚えたり、テレビ映像を見て学んだり、環境に合わせて行動を変えたりと、案外ヒトに近い心理をもっていることに親しみを感じていただけただろうか。また、魚の行動実験の様子を通じて、その面白さを感じてもらえると嬉しい限りだ。

一方で、すでに気づいている方もいるかもしれないが、私がおこなってきた魚の心理を探る実験はとても単純なものばかりだ。実際にやることは、魚に餌をあげたり、網で追いかけ回したり、釣りをするだけである。実験のアイデアも実際の作業もいたってシンプルである。「なんだ魚の心理学の研究なんて簡単じゃないか」と思われたかもしれない。その通りである。魚の心理を探る研究は、誰にでもできる簡単なものなのだ。この章では、手軽な設備でできる魚の学習実験のやり方を伝授して、みなさんを魚類心理学の世界に誘いたい。

大学で研究をする研究者たるもの、研究で社会に貢献することは最重要課題である。しかし、私はこれについては少し自信がない。すでに述べた通り、私は研究を自分の興味の赴くまま、好き勝手にやっているだけなのだから当然である。「魚の心理学をヒト社会に役立てる!」というようなことも勢い余って書いたが、「結局は趣味なんでしょ」と言われればそれまでである。

一方で、大学研究者には、もう一つ求められるものがある。教育だ。大学は、小学校・中学校・高校と同じ、教育機関である。ただし、これらの教育機関と少し違うところもある。他の教育機関は、生活指導や授業の教育が主であろうが、大学での教育は、授業をするだけではない。大学教育では、研究と並んだ大きな仕事として、次の世代の研究者を育てていく研究教育が求められる。研究という営みを教育を通じて発展させることも大事な使命なのである。

大学での研究教育は、主に研究室に所属する学部生や大学院生の研究指導になる。いわゆる、卒業論文、修士論文、博士論文の研究の指針を立てたり、そのサポートをすることである。これは、研究室に所属する教員業務の一環なので当然の責務となってくる。一方で、研究室の研究指導以外にも大事なことがある。それは、大学外での教育である。昨今の大学は、少子化のあおりを受けて入学志願者が減少しており、研究室に所属する以前にそもそも学生の数が減っているところもある。その問題を少しでも改善するためには、研究室の学生を指導するだけではダメで、大学に入る前のもっと若い世代の方々に研究（とその面白さ）を知ってもらうことも必要となってくる。

私が関わる研究分野は、広い枠組みでは生物学に当てはまる。その中でも、特に生物の行動や心理、生態といったものを取り扱っている。そして、その研究の対象が魚というわけである。つまり、私の研究のあり方としては、生物学教育において、生き物の行動や心理の原理を学び、その面白さを知るというところにあると言える。そういう点で見ると、私の研究も若い世代への教育的側面への利用価値があるのではないだろうか。

動物の行動を学ぶことは、生き物の「心のようなもの」を知ることにつながる。このような研究の面白さを教えることで、次世代の研究者となりうる若者たちの生物への興味や愛着を高められるかもしれない。だとすれば、魚を材料とした研究から、その魅力を伝えることは私の任務だと考えるようになった。

このようにいつしか魚の行動・心理学の教育への応用を考えるようになった私だったが、これには少なからず打算的な考えもあった。大学教員への道はとても狭き門である。昨今の大学教員公募では、教育的な能力も研究能力と同じくらい（あるいは研究能力以上に）求められることがある。研究ができるだけの、教育ができない教員はいらないということだ。教育的な研究をしているということは、自分のキャリアアップのためにも良いアピールになるかもしれない。もちろんそれ以上に、一研究者として純粋に自分の研究の面白さを広く次世代に伝えたいという気持ちも強かった。

2 学習を学ぶ

私は自ら魚類心理学者を名乗っているのだが、特に学習心理を専門としている。すでに説明したとおり、学習というのは、経験による行動の変化であり、ヒトを含む多くの動物に共通する行動原理である。また、繰り返しになるが、一般的なヒト社会では、学習というワードは、「教育」や「勉強」の意味合いが強いが、実際にはより広くヒトの日常生活で頻繁に生じている普遍的な現象である。つまり、学習がどういうものなのかを知ることは、ヒトを含む動物の生活の本質を理解することにもつながると言える。そんな、ヒトにおいても重要な学習ではあるが、実は高校までの生物学の授業でこれについて学ぶ機会はほとんどない。高校教育で「学習」を学ぶ機会といえば、パブロフの犬が有名であろう。イヌにベルの音を聞かせるとヨダレが出てくるという条件反射という言葉を耳にしたことがある人もいるかもしれない。しかし、ここまで紹介したことからもわかるかと思うが、学習には条件反射以外にも様々なかたちがある。また、条件反射にしても、その言葉は日常でもよく出てくるが、誤用が目立つ印象だ（経験の要素を踏まえていないなど）。専門家ではない人にとっては、学習も条件反射も、それほど正確に理解していないのではないだろうか。かくいう私も、自分で研究をするまではそうであった。

「学習」を理解する上で、実際に動物が学習する様子を見ることは最も効率的だろう。私がおこなっている実験では、魚たちの学習を目の当たりにすることができる。どのように魚の行動が変わり、どういう変わり方をするのか、というのを自分の操作する実験で体験すれば、おそらく学習の理解は進むだろう。また、賢くないと捉えられがちな魚でも学習するということを実感できれば、そもそも「学ぶとはどういうことなのか」ということを考えるきっかけにもなるかもしれない。そんな思いから、魚の学習実験から学習について学ぶ教材の開発を目指すこととした。

3 一日でできる魚の輪くぐり学習

教材において重要なことは、何を学べるかが明確であることと、やっていて面白いことだと私は考えている。今回の学習実験は、魚が学習する様子を体感して「学習を学ぶ」ことになるので、目的は明確である。あとは、やっていて面白くないといけない。たとえば、一定の場所で毎日餌やりをして、アジがそこに集まるようになる過程を見るだけでは、おそらくそれほど面白くはないだろう。私の研究としてやるのであれば、そこから得られた結果をいろいろ解釈できるため私的には面

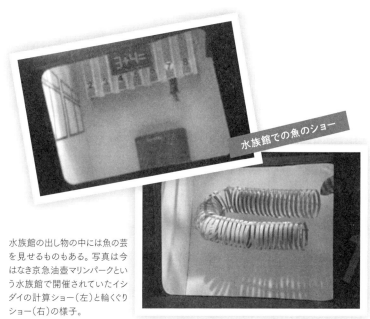

水族館での魚のショー

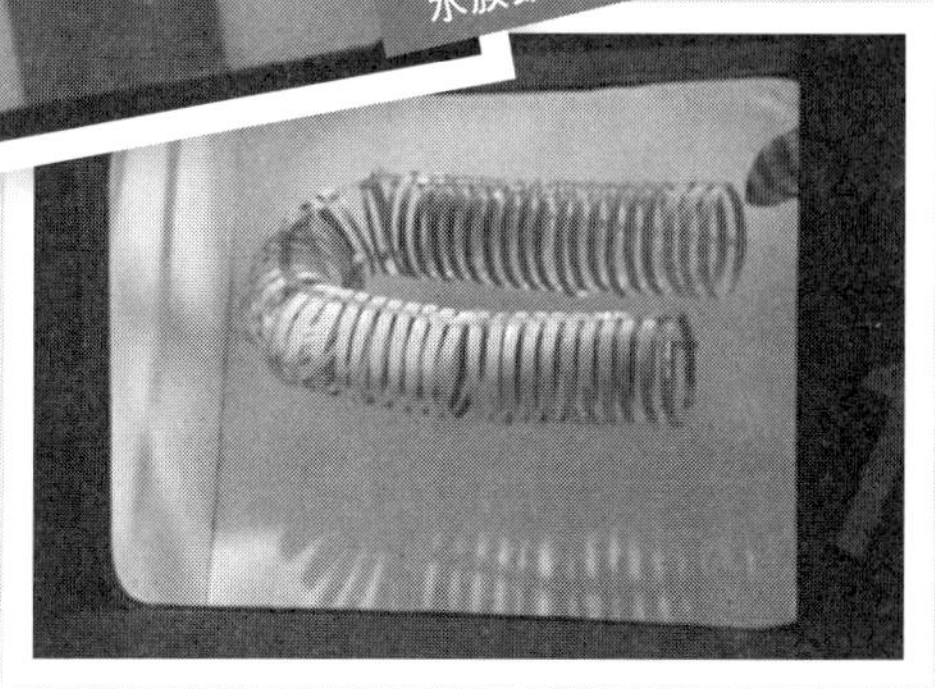

水族館の出し物の中には魚の芸を見せるものもある。写真は今はなき京急油壺マリンパークという水族館で開催されていたイシダイの計算ショー（左）と輪くぐりショー（右）の様子。

白いこともあるが、実験としての見応えはなくちょっと物足りない。やはり、面白い行動を観察できる実験がいい。

　魚の学習を魅力的に見せる取り組みとしては、水族館などで開催されている魚のショーがある。水族館もやはり教育機関の一つであるが、ここで学習を利用した魚の芸を展示しているところがある。その中でも特に人気なのが「魚の輪くぐり芸」だ。私も子供の頃に、両親に連れて行ってもらった近所の水族館で何度も見たものだ。魚が思いもしない動きをしている様子はなんとも魅力的なものであり、子供ながらに面白いと感じていた思い出がある。今思うと、自分が魚の学習に興味をもつようになったきっかけの一つは、この魚の輪くぐり芸を見たという経験が潜在的にあったのだろう。

自分が魅了されたことからも、この輪くぐり学習は、魚の面白い行動を見つつ学習を学べる教材として使えるかもしれない。調べてみると、魚の輪くぐり学習の教育への応用に関する研究はすでに進められていた。たとえばメダカなどの観賞魚を使って、輪くぐり学習をさせる方法が開発されており、割と簡単に実施できそうであった。[1]残念ではあるが、皆考えることは同じなようだ。しかし、よくよく過去の研究を見ると、それらはいずれも実験に時間がかかる設定になっている。訓練を始めて、早くても学習の達成までに一週間ほどの時間がかかる実験であった。実験を教育現場に利用するには、生徒でも簡単にできることに加えて、短時間でできなければならない。学校教育では授業の時間が限られていて、生徒も先生もとても忙しい。教材としての利用価値を高めるには、短時間で実現できる実験方法を確立することがまず求められる。これまでの経験から、簡単な課題であれば魚はわりとすぐに学習できることがわかっていた。なので、時間設定を考慮した実験方法を考えて、とりあえず一日で魚に輪くぐりをさせる実験を目指してみることにした。

今回の目的は、誰にでもできる実験の開発なので、実験に使う魚も入手しやすく飼育しやすいものが望ましいのだが、せっかくなので多様な魚で実験をしてみることにした。今回輪くぐりを学ぶ生徒（魚）たちは、キンギョ、アミメハギ、マダイ、クモハゼである。キンギョ以外はあまり馴染みがないだろうし、海水魚なので一般家庭で飼育しやすいとは言えないが、アミメハギやクモハゼは海が近くにあれば割と簡単に手に入るし、飼育も簡単だ。今回は色んな魚でできるかを確かめた

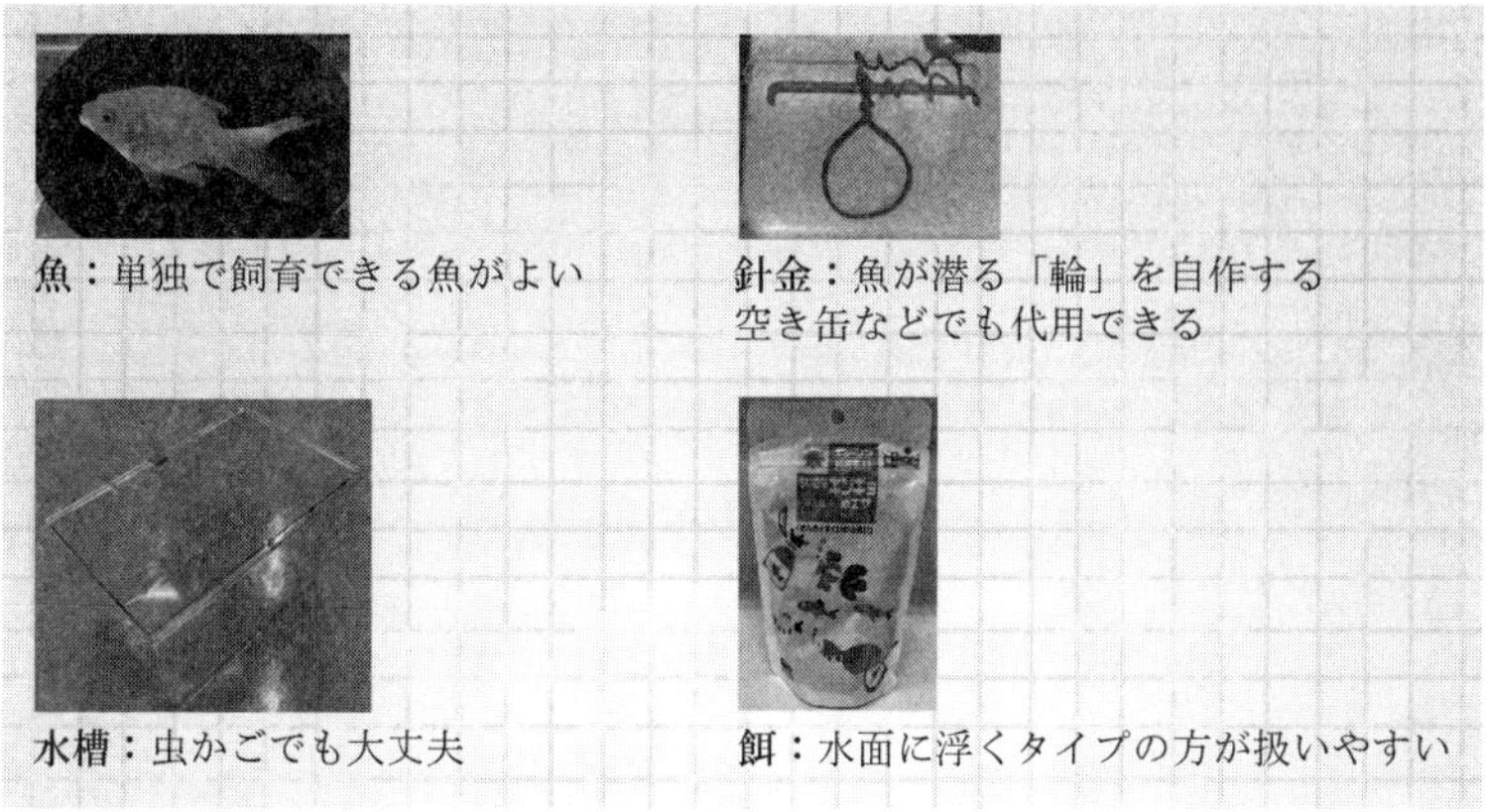
魚：単独で飼育できる魚がよい
針金：魚が潜る「輪」を自作する
空き缶などでも代用できる
水槽：虫かごでも大丈夫
餌：水面に浮くタイプの方が扱いやすい

図38　魚の輪くぐり学習実験で必要なもの

最低限、ここにあるものだけでも実験ができる。百円ショップなどを利用することで、2000円もあれば実験ができる。

かったこともあるのでその点は目をつぶっていただきたい。

実験に使うものを紹介しよう（図38）。まず、魚を入れる実験水槽が必要となる。といっても何も難しいことはない。これは、ホームセンターで売っている数百円の虫かご（もちろん水がこぼれないタイプの）で十分だ。次に、今回の実験では、輪をくぐることと餌を関連づける報酬型の訓練をおこなうため、餌がいる。これも、同じくホームセンターで売っているキンギョの餌のような配合飼料でいいが、できれば浮くタイプの餌が扱いやすい。そして、くぐらせるための輪だが、これは針金を曲げて簡単に作ることができる。あとは、魚が一匹いればすぐに実験を始めることができる。これらの道具は、大型の百円ショップや近所のホームセンターでトータル二〇〇〇円もあれば手に入るので、安価に実験を始めることができる。他には、水槽への酸素供給のためのエアレーション（いわゆるブクブク）や、寒い時期であればヒーターもあると良いが、短時間での実験であれば必ずしも必要ない。

今回の実験では、学習について学ぶことを目指しているわけだが、その学びの一つに学習にも様々なものがあるということを伝えたい。そこで、複数の学習を体験できるようにするため、実験は三つのステップに分ける設定とした。まず、最初のステップでは、魚に輪が怖いものでないということを教える訓練からはじめていく（図39）。4章でも述べたが、魚は実験水槽という新しい環境に入れられると、怯えやすくなる。特に、水槽に異物となる輪が現れると警戒するようになり、すぐには餌を食べないことが多い。しかし、輪を見せることを繰り返し経験すると、次第に魚は輪を入れても餌を食べるようになる。いわゆる「慣れ」である。この慣れは、学習っぽくないと感じるかもしれないが、非連合学習の馴化というものにあたる。非連合学習とは、一つの刺激（ここでは輪の出現）の繰り返しの経験によって、その刺激に対する反応が変わるといった学習である（ただし、この非連合学習は、持続性が必ずしも高くないことから、学習とは異なるという意見もあるようだ）。たとえば、電話の音（刺激）が鳴った時に初めは驚くが、何度も続くとそのうち気にならなくなるようなことである。実験では、水槽に入れた魚を輪に慣らすというステップから始めることで、この馴化のプロセスを観察できる。ただし、はじめから怯えにくい個体では慣れることなく餌を食べるため、馴化が見られないこともあるのでその場合はこのステップは不要となる。逆に、全然慣れない魚は、このステップの段階を事前にするのが望ましいだろう。

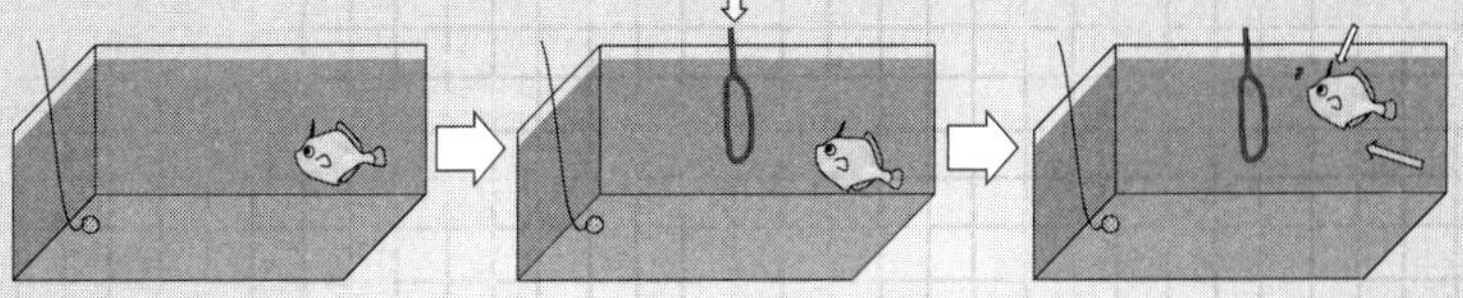
慣れるまでは輪を入れると
怯える様子が見られることも
30秒後に
水槽に餌を入れる

図39　慣らし訓練の手順

慣れていない魚だと水槽に輪を入れると怯えることがあるため、まず輪に慣らすことから始める。訓練では、輪を入れた30秒後に水槽内に餌を入れるだけである。初めは怯えてなかなか食べないが、慣れてくるとすぐに餌を食べるようになる。

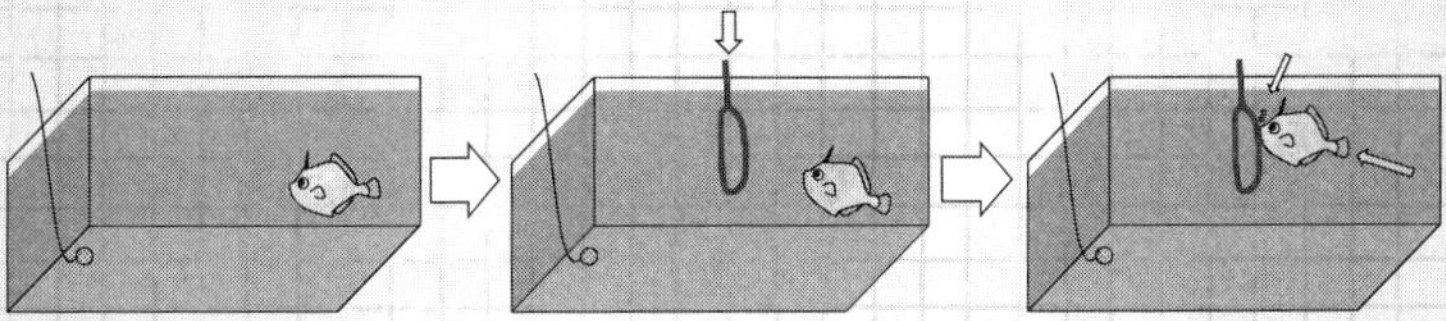
慣らし訓練がすんでいるため
魚は怯えない
30秒後 or 接近時に

図40　輪接近訓練手順

輪慣らし訓練で慣れた魚を輪に近づくようにする。輪を入れた30秒後に輪のそばに餌を入れるだけである。初めは輪に近づくことはあまりないが、次第に輪を入れるだけで近づくようになる。

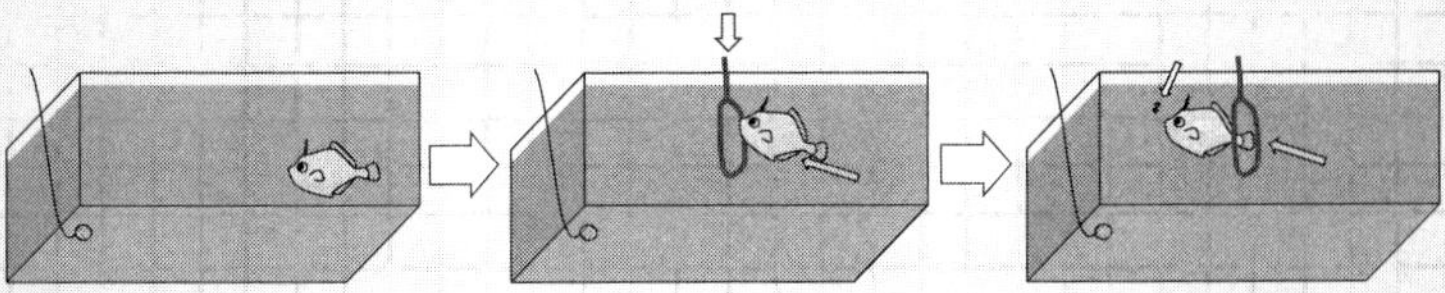
接近訓練がすんでいるため
輪に近づいてくる
30秒後 or 通過時に
入れる

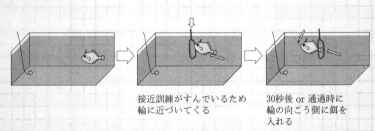

図41　輪くぐり訓練の手順

輪接近訓練で近づくようになった魚を輪くぐりするようにする。輪を入れた30秒後に輪の向こう側に餌を入れるだけである。初めは輪に近づくだけだが、偶然通過することが多くなる。次第に輪を入れるとくぐるようになる。

輪慣らしの訓練が進み、輪を入れてもすぐに魚が餌を食べるようになったら次のステップに移る。次は、魚が輪に近づくようにするための訓練である（図40）。はじめは輪は怯える対象であったわけだが、馴化が進んだ魚にとって、輪は大した意味をもたない刺激になっているだろう。そのため、輪を入れられても魚がそれほど接近することはない。そこで、輪を入れて少ししたら、輪のそばに餌を落とすという操作をする。こうすることで、輪のそばには餌があるということを経験させるのである。これを繰り返すと、輪という情報が餌と関係するものになっていく。これは古典的条件づけという学習の一つである。古典的条件づけとは、意味のない条件刺激（ここでは輪）と意味のある無条件刺激（ここでは餌）を合わせて経験することで、条件刺激に対して無条件刺激に示す反応（餌を取ろうと接近する）が生じるようになる学習である。ここで、パブロフの犬を理解できている人であればお気づきかもしれないが、イヌがベルの音（条件刺激）と餌（無条件刺激）を繰り返して経験することで、ベルの音を聞くだけでヨダレが出てくる（無条件刺激に示す反応）ようになるこの例も古典的条件づけである（特に、この例ではイヌに現れるヨダレが出てくる反応が反射的であることから条件反射と呼ばれる）。ヒトで言うならば、Colaと書かれた缶（条件刺激）の飲み物が美味しい（無条件刺激）という経験をすると、次にColaに出会ったら自然と手が伸びる（無条件刺激に示す反応）ようなものである。このステップの訓練では、古典的条件づけによって、魚が「輪＝餌」の関係を学習することで、魚が輪を見ると餌を連想して近づくようになる様子を観察できる。

輪への接近を訓練できたら、いよいよ輪くぐりのステップに移る（図41）。この時点で、魚はすでに輪への接近を訓練しているので、輪を入れるとすぐに近づくようになっているわけだが、それだけでは輪をくぐることはあまり起きない。輪をくぐるようになるには、「輪を通過する行動」を覚える必要がある。そこで、このステップでは、魚が輪を通過したら餌を与えるという操作をおこなう。輪接近で輪に近づきやすくなった魚は、偶然輪の中を通過することがある。その時に、輪の中を通過した先で餌を与える。これを繰り返すことで、輪の中を通過するという行動をすると、餌が出てくるという経験をすることになり、次第にこの輪を通過する行動が起きるようになっていく。このような、あるもの（輪）が出現した時に、それに対する自らの行動（通過する）によって、その結果として生じる刺激（餌）の経験から行動が変化する学習は、オペラント条件づけと言う。イヌの芸の多くは、このオペラント条件づけで説明できる。「お手」という飼い主の言葉と手が現れた時、犬がこの手に対して「自らの手を添える」という自発的な動作をし、その結果餌がもらえる経験をすると、「手を添える」という動作が強化されて、「お手」を聞いたら「手を添える」ようになる。魚の輪くぐりもこれと同じメカニズムである。ヒトで言うなら、自動販売機に出会った時、お金を入れてスイッチを押すという行動をして、その結果飲み物を得ることなどはオペラント条件づけに当てはまる。この「輪をくぐる↓餌」というオペラント条件づけが成立すると、魚は輪を見ると、この輪の中を通過するようになる。つまり輪くぐりをするようになるということだ。

このような実験方法をとることで、魚に輪くぐりを学習させながら、学習について学ぶことが可能となる。今回は学校などの教育現場での実施を見越して、この実験プロセスをタイトなスケジュ

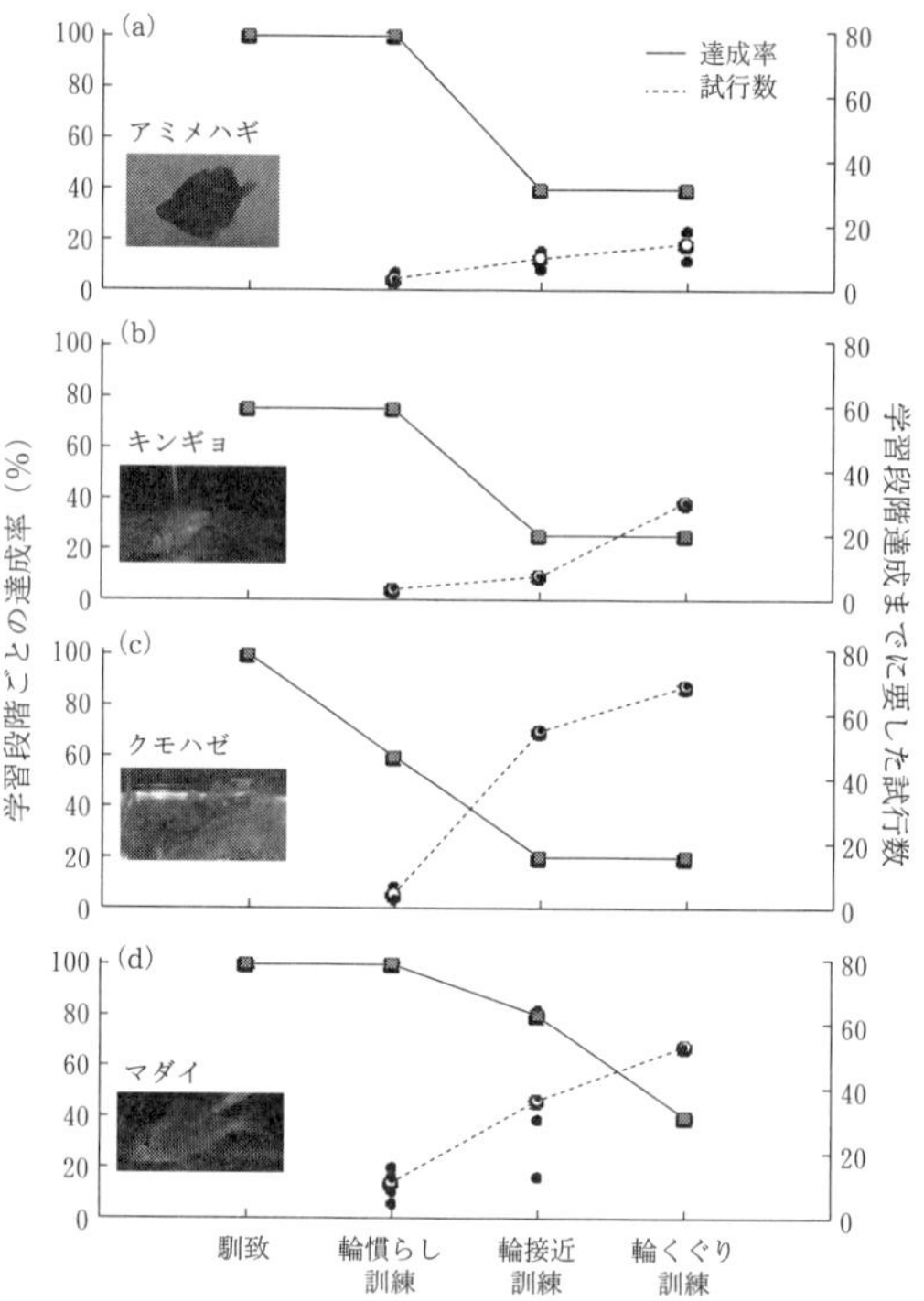

図42　魚種ごとの学習達成率と達成までにかかった平均試行数

全ての魚で1匹以上の魚が1日で輪くぐり学習まで到達することができた。しかし、達成率はまだ低く、訓練にかかる時間も改善の余地はある。

ールでやってみた。輪を提示してから魚の行動観察・餌やりの流れを一試行の訓練とするのだが、この訓練試行を一分間隔で一〇試行を一セットとして繰り返した。このセットの後に、休憩（実験者と魚にとっての）となるように三〇分の間隔を空けて、再びセットを繰り返すという手順とした。時間の都合で一日にできる最大セットは八セットほどになるが、この間に魚が輪くぐりまで到達することができた場合、一日でできる学習実験ということになる。

先ほど言ったとおり、これまでにも輪くぐり学習実験をおこなっていた研究はあるが、それらは割とゆっくりとしたペースで訓練をしていたこともあり、輪くぐりに至るまでに一週間以上かかっていた。その要因の一つには、訓練のステップの違いがある。先行研究はいずれも、二つ目のステップである輪への接近訓練をせずに、輪くぐりのステップから始めていた。そのため、三つ目のステップを進めるための「偶然輪を通過する」が起きにくく、訓練に時間がかかったのだと思われる。その点、今回の実験では、接近訓練のプロセスを入れることで魚は輪に近づくようになっている。その結果、魚が偶然輪を通過する機会は増えるので、短時間で輪くぐりを学習できるようになるのではないかという目論見だ。

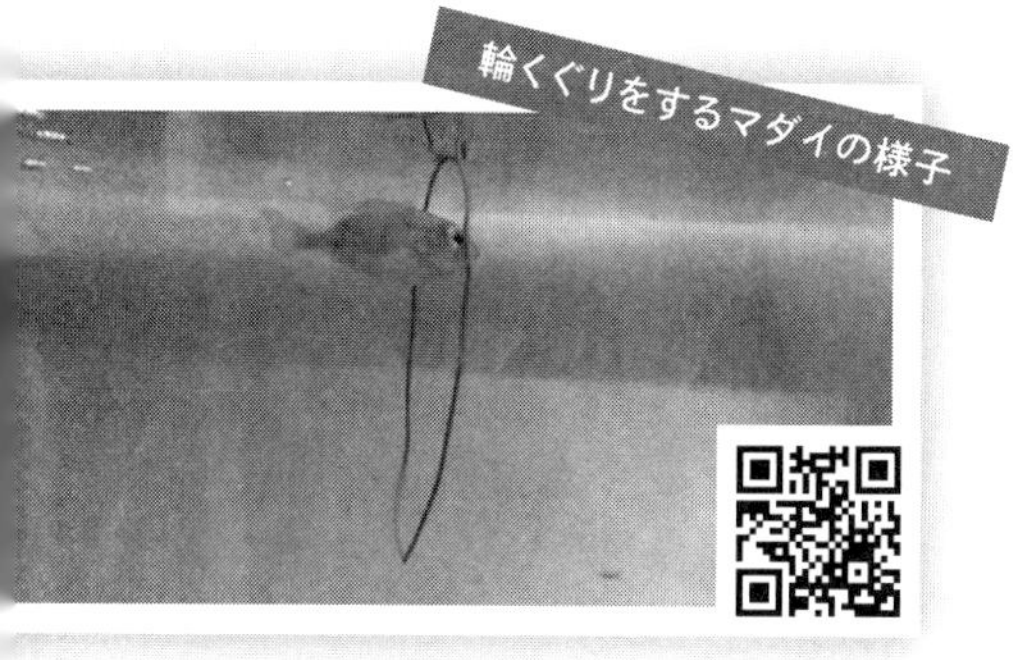

輪くぐり訓練ができるようになると、魚は輪を入れると積極的に通過するようになる。この様子を見れば、魚が学習していることが実感できるだろう。
〈動画URL〉https://youtu.be/wc_S_oDidr8

今回の実験ではそれぞれの魚種で四〜五個体を使って、一日の実験で最後の輪くぐりまで到達できるか、できる場合はどれくらいの時間でできるのかを調べてみた。この実験スケジュールで、実際に実験をした結果を見てみよう（図42）。まず、輪くぐり学習の達成率を見ると、魚種によって多少の差はあれど一〜二個体が一日の訓練内で輪くぐりまで到達することができた。最終的な輪くぐり学習の達成率は二〇〜四〇パーセントであり、教育現場で実施するにはまだまだ学習達成率の向上が求められるが、少なくとも上述の実験手法で、魚に輪くぐり学習を仕込むことができることが示された。実験に用いたのは系統が大きく異なる四種であったが、全ての種で少なくとも一個体が輪くぐりをできたことから、いろいろな魚にこの実験が適用できることがわかる。そして、輪くぐりを覚えることができた魚について、到達までにかかった時間は、休憩時間を含めて一九〜三一七分（平均一六八分）であった。平均して三時間弱かかるとすると小学校などの理科の授業でできるほどではないかもしれないが、過去の研究で示されている実験時間よりも大幅に短縮することができた。また、中にはかなり短い時間で輪くぐりを学習できる魚もいて、アミメハギの二個体は、一九分と六七分で輪くぐりまで到達していた。アミメハギにもそれはそれで実験に適さない性質もあるのだが（身体が小さいためお腹いっぱいになりやすく実験が中断しやすい）、工夫すれば学校の授業に取り入れることも可能かもしれない。

魚の輪くぐり学習自体はすでに方法が確立されているため、今回の実験はそれほど新しい成果だとは言えない。[2] ただ、短時間でできるということが立証され、最短では二〇分ほどで訓練することができた。成功率の向上と実験の工夫をすることで、実際の教育現場に利用できる可能性があるかもしれない。また、今回の実験手法の売りは、魚たちの行動を通じて複数の学習を観察できるということもある。輪慣らし訓練では、警戒していた魚が慣れてくる学習（馴化）の過程を見ることができ、輪接近の訓練では、輪と餌の条件づけである古典的条件づけを観察できる。最終段階の輪くぐり訓練は、自発的に輪をくぐる行動と餌の関連づけであるオペラント条件づけの様子を目の当たりにできるだろう。一連の実験をおこなうことで、これらの学習の違いや特徴を実感できるかもしれない。そして、何よりも簡単な装置と実験で、魚が輪をくぐるという面白い行動が見られるので、魚や生き物の行動に興味や愛着をもつきっかけになるのではないかと期待している。

4 高校生が挑む魚の学習実験

さて、うまく工夫すれば一日で実施できる可能性のある実験手法が確立されたわけだが、この研究は教育に使うための教材開発が目的である。つまり、誰でもできないといけない。ここまでの実験は私の手でおこなわれてきたわけだが、一応、私は魚の心理学者という肩書きで生活させてもらっている専門家である。その道の「プロ」としては魚に学習させることができて当然なのだ（といっても成功率は必ずしも高くはなかったのだが）。しかしむしろ教材としての利用価値を示すには、実験をしたことのない素人でもできることを確かめる必要がある。

この学習実験の手法について、学会のポスター発表で紹介してみた。私の研究は行動を対象とするので、ポスター発表では動画も展示するのだが、そういった発表は珍しいので多くの方に見にきてもらうことができた。そんな中、たまたま見にきていた高校の先生が、ぜひうちの高校の生物クラブでやってみたい、と声をかけてくれた。これはいい機会だと考え、高校生たちにこの実験をや

同じキンギョでも品種がたくさんあり、実験のしやすさが違うこともある。いろいろな魚で試してみると面白いかもしれない。

ってもらうことになった。

何度か高校の先生と話し合いをして、生物クラブの生徒に実験をしてもらうことになったのだが、残念ながら新型コロナウィルスの流行のため、直接高校に行って指導をすることができなくなってしまった。しかし、熱心な生物クラブの生徒や先生は、限られた部活動の時間で挑戦したいと申し出てくれたので、輪くぐりの学習実験を生徒主体でやってもらうことになった。高校生の部活動は、実験の時間やスペースも限られているので、実験は休日に理科室の一部でやることになった。

今回は簡単に飼育できるキンギョを使ってもらうことにした。いわずもがな、鑑賞魚の代表であるキンギョは入手が容易で飼いやすいので、忙しい高校生でも実験に使いやすい。先ほどの実験では、キンギョの実験成功率は低かったのだが、その後の私の実験から、同じキンギョでも品種によって実験成功率に違いがあることがわかっていたため、割と成功しやすいリュウキンという品種で実験をおこなってもらうことにした。

実験の実施は、生徒の考えから二人一組の体制で、五個体のキンギョを使ってやることになった。実験をする際は、やはり直接私が行って指導できるような情勢でなかったため、実験手法を記したマニュアル（図43）を基に実施してもらうようにした。実験手順についてはこのマニュアルを渡しただけで、私は水槽も魚の様子も何も見ていない。なんとも他人任せではあるが、誰にでもできる実験手法の開発を目指す上では、むしろ望ましい状況ではあった。

マニュアルを送って程なくして、高校の先生からメールが来た。そこには、驚くべきことに五匹の魚すべてで最後の輪くぐりができたと書かれていた。後に生徒から見せてもらった動画でも、その様子がバッチリと確認された。自分がキンギョではじめに実験をしたときは、成功率は二割程度であったのに、目覚ましい結果である。これはあくまでも生徒たちの工夫と努力の成果であったが、自分のことのように嬉しい報告であった。

今回の研究の目的は生物に対する教育を目指した実験教材の開発であったので、せっかくの機会と、実験を実施した生徒に実験を通じて「魚」に対する印象がどう変わったかのアンケートをとった。アンケートの中では、「魚は意外と頭がいい」「魚も気分屋である」「生き物を飼育するのは難しい」「魚にも性格がある」などの感想が見られ、魚を使う学習実験を通じて、生徒たちが生き物に愛着をもつことや、動物とヒトとの共通性を感じる機会を与えられたことが感じられた。一般的に魚は食用として認知されることが多いが、今回のような魚を対象とした行動実験をやってみることで、魚をより身近な生き物だと感じるようになってもらえることは、大変嬉しいことである。また、同

キンギョの輪くぐり実験マニュアル

目的　魚の輪くぐり行動を短期間で実施できるかどうかを検証する
＊今回のマニュアルは輪くぐり訓練の行程のみを 1 日で達成できるか調べることを目的とする

・材料
水槽：長さ 20~30cm 程度のガラスまたはプラスチック製のもの（魚の大きさに合わせて魚十分に泳げるスペースを確保できるもの）

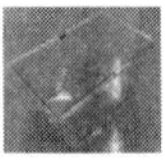

水槽の例：いわゆる虫かごでかまいません。水槽の周りは透明でも、カバーをしてもどちらでもかまいませんが、透明のほうが早くヒトになれます。

フィルター：酸素供給と水質管理のできるもの

フィルターの例：スポンジフィルターや投げ込み式フィルターで十分です。フィルターがある場合も週に 1 ～ 2 回程度は水槽の 1/4~1/3 程度の水換えはおこなってください。

輪：針金で作成（魚の大きさに合わせて幅を 5~10cm 程度にする、色などは自由。水槽に固定できるように割り箸などを利用すると実験がしやすい。）

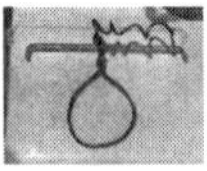

輪の例：針金で作成した輪を棒などにくくりつけて水槽に設置できるようにすると実験がしやすいです。その際、輪の上部の高さが水面ギリギリになるようにしてください。

魚：キンギョ 1 尾（体長 5~10cm 程度の魚で、なるべくヒトになれている魚を使用する）

魚の例：キンギョであれば遊泳速度がはやい和金型より琉金型の方が狭い水槽での実験に向いています。

餌：1-3 程度の配合飼料（水面近くの輪をくぐらせるため浮きやすい餌を使用する）

餌の例：餌はなんでもかまいませんが、大きすぎるとすぐにおなかがふくれてしまって実験ができなくなるため、小さい餌のほうが好ましいです。

＊必要に応じて用意するもの
ヒーター：水温低下による摂餌意欲低下を防ぐ（水温が 18℃を下回る時に使用し、26℃程度になるように設定する）

図43　高校生に配布した実験マニュアル

指導者がいなくても資料をみるだけで学生は魚に芸を仕込めるのか？

高校生のおこなったキンギョの輪くぐり実験

マニュアルをもとにおこなった実験だが、見事に魚が輪くぐりをしている様子が見られる。

様に「学習」というワードについても生徒たちにアンケート調査をしたところ、実験の前は「学習」は「机に向かってやるイメージ」というものであったが、実験を通じて「書くことだけでなく体を動かすこともある」というような意識の変化が見られた。生き物を使った実験をすることで、学習の現象を体験し、実践的に学ぶ機会となったと言えるのではないだろうか。

この研究の実施においては、先行研究をベースとした手法をマニュアルとして提供していたが、自分たちの考える結果を導くために、生徒たち自身が実験方法に独自の改良をしていたことをあとで知った。こういった機会は、問題解決能力や現象を深く考える力を養う上でも貴重なものと言えるだろう。さらに、今回の生徒たちは私が提案していた実験が終了した後も、独自に考えた「学習したことは長く覚えているのか?」「他の学習実験はできないか?」という新たなテーマで実験を続けていたという。魚の学

輪くぐり学習実験の後に高校生たちが自分で考案したキンギョの学習実験。魚の実験を通じて、自分たちの興味を研究するということは、まさに自分の願うことであり、とても嬉しい経験であった。

習実験には学習の様子を観察すること以外にも、生徒による試行錯誤や独自のアイデアを考える機会を与える効果も期待される。自身で考えて新たなことに挑戦していく機会は、生徒の独創性やチャレンジ精神を養う上においても貴重な経験となるだろう。魚の学習実験は様々なアプローチから取り組むことができ、実験の発展もしやすい。そのため、学生の発想力の教育においても重要な機会となることが期待される。ちなみに、この高校生の研究は、後に開かれた水産学会の高校生発表会で披露された。生徒たちは、私に質問やアドバイスを積極的に求めてきて、学会でも素晴らしいプレゼンをおこない、大会では最優秀賞を受賞することになった。これまでにいくつか自分の研究で受賞の経験はあったが、それ以上に嬉しかったかもしれない。生徒や先生も喜んでくれていたが、教育者としてとても貴重な経験と思い出をいただくことができた。

5 サッカーするキンギョ

ここまでに紹介してきた輪くぐり学習は、実際に実験をする人には学習の様子を体感できるので興味を惹くこと間違いない。しかし、見ている側としては、ただ魚が輪を通過するだけのショーは、正直少し物足りないかもしれない。もっと面白い行動を見せることができれば、生物に対する興味をさらに高める効果が期待できるだろう。私は、いろいろな場面で出会った人に、「魚がこんなことしたら面白い」と思うことはないかと聞いている。ある時、友人の研究者と話をしている時に、「魚がサッカーをしたら面白いですね」という意見をもらった。たしかに、これは面白そうである。ちょうど世間がワールドカップで賑わっている時にこのことを思い出し、魚がサッカーをする動画をYouTubeに投稿したらバズるかもしれないという期待を込めて、キンギョにサッカーをやらせてみることにした。

サッカーは、簡単に言うとボールをゴールまで足で運ぶ競技である。つまり、この行動をするには、魚が対象を目的地まで運ぶということを覚える必要がある。しかし、もちろん魚にとってボールはそもそもなんの意味もない物体であるし、もちろんゴールなどわかるはずもない。なので、ただボールを渡しても、魚が率先してサッカーをすることはないだろう。そこで、複数のプロセスを踏んで、魚がサッカーをするように訓練をしてみた。

　この実験で使用するものは、図に示したものになる（図44）。魚たちに追いかけさせるサッカーボールは、水に浮かぶスーパーボールを百円ショップで購入したものを用いた。はじめに、魚にとって意味のないこのボールを、意味のあるものにしないといけない（図45a）。そこで、水槽にボールを浮かべて、一五秒後にボールに接するように餌を浮かべるということをする。ボールのそばに餌があるという経験をさせるということで、つまり「ボール＝餌」という古典的条件づけを施すことになる。これを繰り返すと、魚たちはボールと餌を関連づけるようになり、次第にボールを入れる

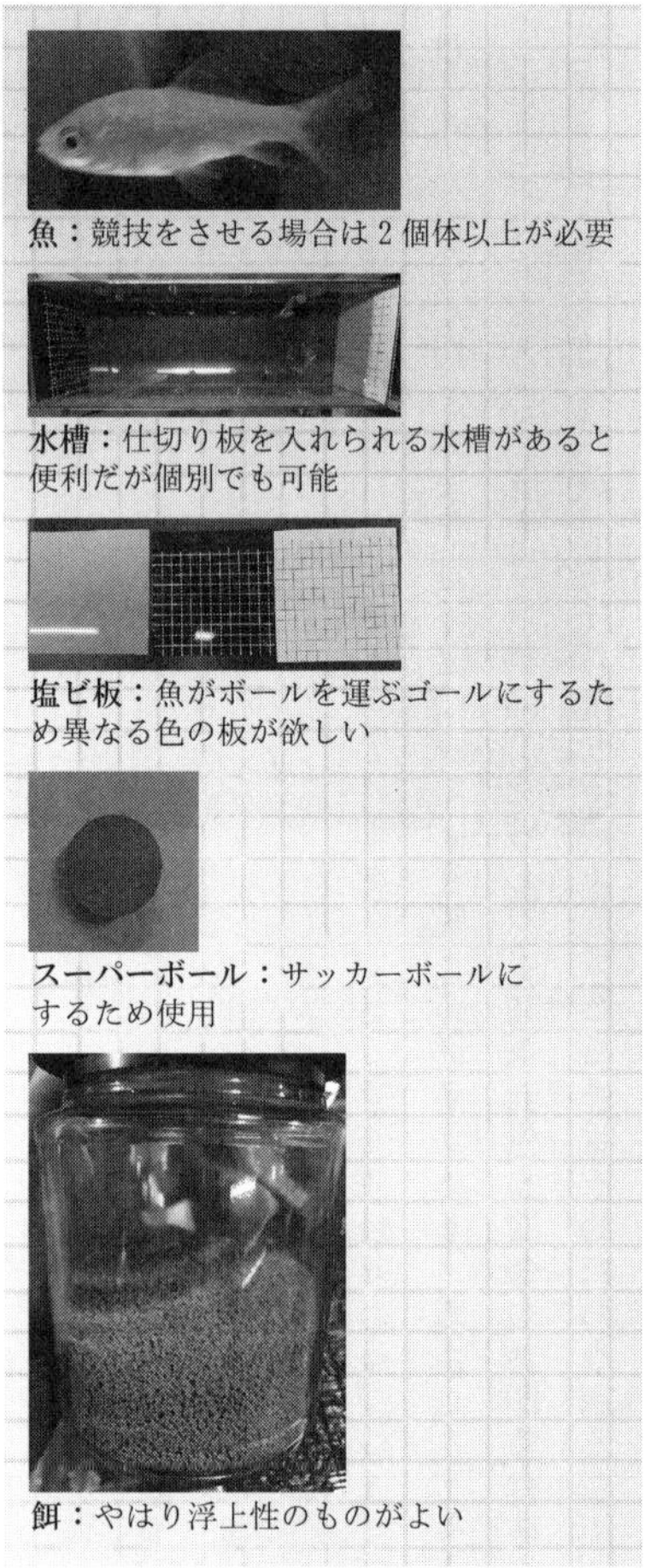
魚：競技をさせる場合は2個体以上が必要
水槽：仕切り板を入れられる水槽があると便利だが個別でも可能
塩ビ板：魚がボールを運ぶゴールにするため異なる色の板が欲しい
スーパーボール：サッカーボールにするため使用
餌：やはり浮上性のものがよい

図44　魚のサッカー学習実験で必要なもの

最低限、ここにあるものだけでも実験ができる。

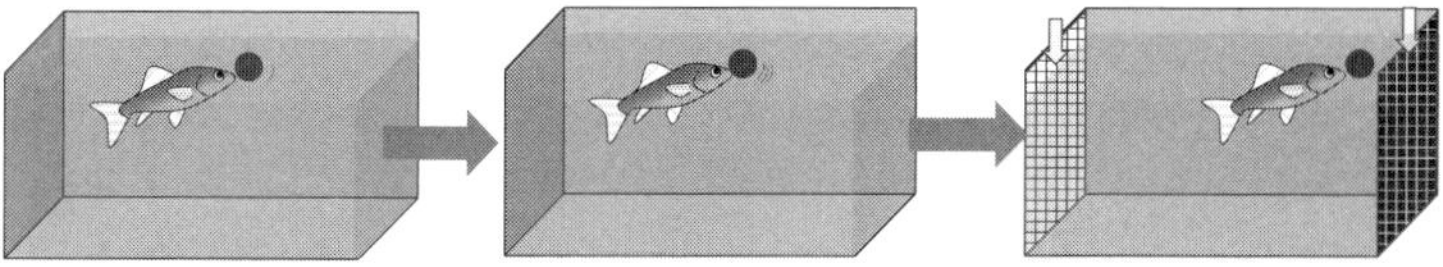

図45　キンギョにサッカーを教える手順

(a)はじめに、ボールをつつくことを教える。水槽にボールを浮かべて、接触したら餌を与えるということをすると、魚はボールをつつくようになる。(b)つつきができるようになったら、連続でつつくように訓練する。ここでは、3回以上の接触をおこなった時に餌を与えるようにする。次第に、ボールを連続でつつくようになる。(c)最後に、ボールをゴールまで運ぶことを教える。ボールを連続でつつくと壁際まで運ぶことになるが、その際に正解とするゴールまでつついた時に餌を与えるようにする。訓練を繰り返すと、魚はつつくだけでなく、ゴールまで運ぶようになる。

とすぐに近づいてきて、口でつつきだす。ここまできたら、ボールをつついた時に餌を与えるルールにすると、餌がなくてもボールをつつくようになってくる。

魚がボールをつつくようになったら、今度は一度つつくだけでは餌を与えずに、三回連続でボールをつついたら餌を与えるようにする（図45b）。連続でボールをつつくと、浮かんでいるボールは動かされることになる。このステップでは、ボールを連続でつつかせることで、「ボールを運ぶ」ような行動を促す。

ボールを運ぶことを覚えたら、いよいよボールをゴールまで運ぶという訓練に移る（図45c）。水槽の両端に、ゴールを模した網模様の板を入れて、正解の色の板にボールが当たった時に餌を与えるというルールにする。この時点では、魚はただボールをつつくだけなので、はじめはボールを正解の板の近くに配置してゴールしやすいようにするのだが、魚がボールを押して（連続でつついて）、その結果偶然正解のゴールに運ぶと餌を得られる経験をさせるということだ。「ボールを運ぶ」という行動と「餌を得られる」という関係性を覚えることからオペラント条件づけといえるだろう。

　この、やや複雑なプロセスで、魚がボールをゴールまで運べるようになるかを二匹のキンギョを使って実験してみた。この二匹はそれぞれ違う色のゴールを正解とするように訓練をした。訓練は、八試行を一セットとして、各訓練課題を七試行以上できた場合に訓練成立とした。

キンギョのボール運びの様子

数日の訓練をすれば、魚は正解のゴールまでボールを運ぶようになる。

〈動画URL〉https://youtu.be/0hEivPbpvUQ

最初のボールつつきの訓練では、はじめはボールを見せてもすぐにつつくことはなかったが、数セット繰り返すとボールを入れるとすぐにつつくようになった。次の連続つつき訓練は、その後すぐに達成することができた。この時点では、魚はボールをつつく行動をすでに学習しているので、一回つついても餌がもらえないと、せっつくようにボールを連続でつつくので、割と簡単に達成できるようだ。一方で、ゴールまで運ぶ訓練になると、どちらの魚もなかなかできない。ここまでのステップでは、「ボールをつつくと餌がもらえる」という一段階の関係であったが、この段階になると「ボールをつついて、ゴールまで運ぶと餌をもらえる」という二段階の関係になる。ただボールをつつくという行動だけでは報酬が得られず、ボールをゴールまで運ぶという自分のとる行動の結果餌が得られるということを覚えないといけない。しかも、そのゴールも二つの中から正しい方を選択する必要があるので、「ボールを押して正しいゴールまで運ぶ」といったかなり複雑なことを捉えないといけなくなる。魚がこの関係性をどこまで理解できるかはわからないが、この訓練は少し時間がかかるようである。ヒトで考えても、複雑な関係性を理解するのはより時間がかかるであろうから、課題の複雑さが増した結果として当然かもしれない。しかし、訓練を繰り返すこと二〇セット（通算一六〇試行）ほどになると、八分の七以上の確率で正しいゴールまで運べるようになった。

ここまでくると、魚がボールを正解のゴールまで運ぶように実験者である私には見えるようになる。しかし、近距離でのボール運びでは、偶然に正解の壁にたどり着くこともあるかもしれない。そこで、仕上げとして水槽の真ん中にボールを入れて、ボール運びを難しくしてみた。ゴールから二〇センチメートルほど離れたセンターラインにボールを置いて、正しいゴールまで運べるようにするということである。これくらいの距離になると、七センチメートルほどの魚は連続して正しい向きにつつき続けなければならない。途中の壁でつまずいたりするため、正解の壁にたどり着くのは難しいようだが、途中で体の向きを入れ替えたりしながら、せっせとボールを運ぶような様子が見られるようになる。この仕上げの訓練では、五セットくらいの訓練で達成できた。実験者の期待を反映した主観を抜きにしても、キンギョがサッカーをしているとしか思えない行動が見られるようになった。

訓練をすることで、魚が宙を泳いでいるようにすることもできる。
〈動画URL〉https://youtu.be/Yvy0cPpDI8o

長さ40cmのホースの内部に水を入れて、ホースの中央部を水の上に引き上げると、ホース内部にサイフォンの原理が働き、水上に出た部分にも水が満たされた状態になる。これを魚に提示してみると、魚はすぐにホースの中に入り、若干の躊躇をしながらも水の上を泳ぐように水上の輪をくぐる行動を見せた。その様子は、まさに私の思い描いていた「ET」のそれと同じであった。ここで、少し意地悪をしてホースの途中の水をなくしてみた。すると、さすがに水のないところを泳ぐことはできないため、途中で止まってしまった。しかし、これでも魚は元の入り口に引き返すことなく、果敢に水の上に飛び出そうと奮闘する様子を見せている。その健気な様子に負けて、水を少し浅くなるようにすると、身体を横にしながら水の上を乗り越え、無事に宙を泳ぐことに成功した。この健気な様子の映像を、ぜひ見てもらいたい。

Column 6

宙を泳ぐキンギョ

本文で述べた通り、魚の輪くぐり学習は魚の芸としてはとてもメジャーなものである。水族館のショーで見られるだけでなく、魚の飼育を趣味とする人たちの中には、これを自分でやったことがある人もいるかもしれない。ただ、魚が輪をくぐるという行動だけでは、正直少々地味ではある。もっと見応えのある輪くぐりを見せられれば、もっとその魅力を伝えられるのではないか。

「ET」という名作映画の中で、主人公の少年が自転車で大人から逃げながら宙に飛び出すシーンがある。子供の頃に見た時に、なんともいえないワクワク感を覚えたものである。これを思い出し、魚が輪くぐりをして水の上に飛び出したら面白いのではないかと考え、実験をしてみることにした。

輪くぐり行動を覚えた魚というのは、それがパイプのようなものでもくぐるようになる。学習時と違う刺激に対して同様の行動をするようになることを般化というのだが、この般化を利用して水上輪くぐりを実践した。実験ではまず、魚が十分通れる径のホースを長さ1cmにカットしたものをくぐるように訓練をした。そして、これを覚えた魚に長さを10cm、20cmにしたホースをくぐらせるようにする。1cmのホースを潜るようになった魚は、すぐに20cmのホースでもくぐるようになる。ここまできたら、いよいよ水上の輪くぐりである。

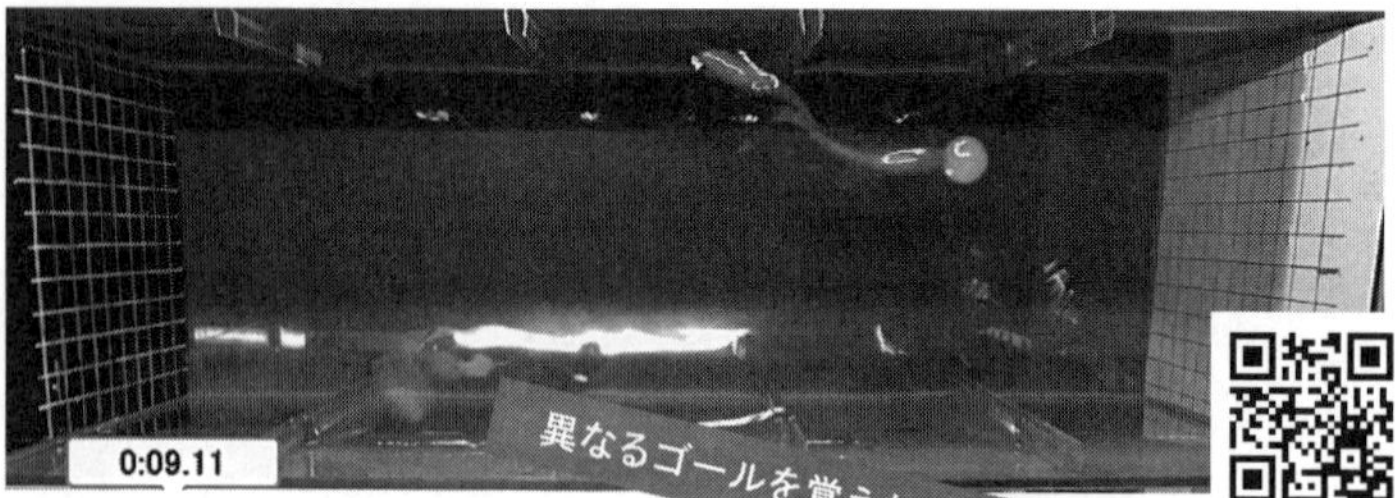

異なるゴールを覚えたキンギョのサッカーの様子

白ゴールと黒ゴールをもつ魚を同じ水槽に入れると白熱した戦いを見ることができる。白熱しすぎてライバルへのアタックがおこなわれることもしばしばだ。
〈動画URL〉https://youtu.be/Dd69KulMdsE

さて、この実験では異なるゴールを目指す二匹のキンギョ（片方は白いゴールで、もう片方は黒いゴールを目的地としていた）を使っていたわけだが、ここで気になるのは、異なるゴールを目指す二匹がいる状況でボールを入れられた時にどうなるのか、ということである。つまり、実際に一対一でサッカーをさせるということだ。ここまでの実験は、一つの水槽を板で仕切って、それぞれの仕切りに魚を入れて訓練をしていた。この仕切りを取り外して二匹を同居させた状態で、センターラインにボールを入れてみた。すると、魚たちは一目散にボール目掛けて走り（泳ぎ）出す。一匹で実験をしていた時よりも素早い動きで、必死にボールへとアタックしている。片方がゴール近くまで運ぶと、もう片方が体でブロックするようにも見える。そして、面白いことに、魚はボールだけでなく、対戦相手にも体当たりをするようになった。ファウルである。キンギョという魚は、ふだんの水槽内ではあまり喧嘩をしない魚なのだが、今は「対戦相手」に向かって果敢にタックルをしている（ように見える）。なんなら、ボールそっちのけで相手への攻撃に専念しているようにも見える。もはやレッドカードである。退場なしでプレーを続けさせていると、数分の激闘の末、片方の魚がゴールをして餌を獲得することができた。その後も何度か試合を試みてみたが、相手との反則まがいなやりとりを繰り広げて、お互いに点の獲り合いを繰り返していた。中には、うまく相手を切り抜けるファインプレーをすることもあり、普段はワールドカップすら見ない私も興奮するほどの白熱した試合を見ることができた。文字ではなかなかこの熱い戦いは伝わらないと思うので、ぜひ動画を見てほしい。そして、興味をもたれた方は、ぜひ自分でも実験をして、キンギョたちの熱い戦いを見届けてもらいたい。

⑥ 君にもできる学習実験

この章では、魚の学習実験のやり方について紹介した。はじめに書いた通り、これらの実験は、とても簡単に実施することができる。実験に必要な機材も安価に揃えることができ、家庭でも十分に実施可能だ。ここで紹介した実験は、魚の心理学を教育に応用することを目指していたわけだが、その効果を確かめるためにも、ぜひみなさんに挑戦してもらいたい。部活動の課題や夏休みの自由研究にも使えるのではないだろうか。

　生き物と触れる機会は、生き物に対する愛着を高めることにつながるだろう。特に、生き物たちが、自分（ヒト）と同じように見える行動をしている様子を見ると、不思議ととても愛着が湧いてくると思う。この愛着は、生き物を大切にしようという気持ちと同じだと信じている。生物を大切にする気持ちは、豊かな自然を守ることにつながり、自分たちの生活する環境を大切にすることにも広がっていくかもしれない。この気持ちを育むためにも、まずは本章で紹介したような手軽かつ面白い魚の学習実験から始めてみてはいかがだろうか。

　また、魚の学習実験でできることはいくらでもある。魚は、輪をくぐることを学習したり、サッカーをすることを学習できたりと、案外賢いのである。こういった実験を考えるのに必要なのはアイデアだけだ。ただし、このアイデアは実際に自分で試行錯誤してみないと生まれてこない。本章で紹介した高校生たちが自分たちで実験を工夫してやっていたように、自分で実験をやってみると新しい疑問や面白いアイデアがどんどん生まれてくるだろう。魚の学習実験でできることの可能性は無限大なので、「とりあえずやってみる」という気楽な気持ちで始めてみてほしい。ただし、生き物を大切にする気持ちだけは持っておこう。

Column 7

魚の心を探る意義

魚に心があるとした場合、それを知ることにはどんな意義があるのだろうか。多大な時間と労力をかけてまでする必要があるのか、と問われればなかなか難しいところである。少なくとも医療や工学の研究と比べて、私の魚類心理学の研究が価値のあるものだと感じる人は少ないだろうし、それは私も自覚している。私の出身高校は、地域の中では進学校の部類であり、一流企業や弁護士、パイロットなど、社会的に重要な地位にある職についた友人も多い。卒業後に会ったときに、自分は魚の心の研究をしていると説明すると、たいていの友人は「そんなことして意味あるのか」と笑いながら言うものである。

しかし、魚というのは実はヒトにとても近しい存在である。たとえば、ほとんどの人は、生涯で飛行機に乗る回数よりも、魚を食べる回数の方が多いだろう。また、裁判所で弁護士にお世話になる人よりも、出店ですくったキンギョを家で飼ったことがあるヒトの方が多いに違いない。つまり、魚との出会いはヒトにとって日常的なものであり、そんな魚たちのことを知ることは、ヒトにとっても重要なのだと私は信じている。研究自体の価値は、これは受け取る人によって違うのだから、これからも自由な研究を、許される限りしていきたいと思う。

おわりに

研究には目的がある。たとえば、医療の研究では、病気のない人間社会を目指して、治療方法や新薬を開発するといった目的があるだろう。水産学の研究では、持続的な水産資源の利用のために、効率的な養殖方法や環境を考慮した漁業規制情報の収集などをおこなっている。基礎生物学である行動生態学や動物心理学といった分野でも、動物の行動の意義や原理を探り、進化や心理の根元を探るといった目的があるだろう。

では、魚の心理学の目的は何だろう。この本では、これまでに私がおこなってきた六つの研究を紹介してきた。それぞれは、大きい目で見れば魚の行動・心理の研究になるわけだが、細かく見るとそれぞれの研究の視点は異なる。つまり、研究の目的はそれぞれ大きく違うのである。たとえば、3章の魚の観察学習の研究は、原始的な脊椎動物である魚が他者をどのように捉えているのかを探り、動物が他者をどう捉えているのか明らかにするという目的であった。4章の研究は、自然環境に適さない行動をとる人工種苗の行動を学習を利用して改善し、効率的な栽培漁業の技術へと発展させるという目的である。一口に魚の行動・心理の研究と言っても、いろいろな視点から研究をすることができるのだ。魚の心理学というマイナー研究ではあるが、視野を広げることができれば、多様な学術分野に貢献する研究となるのだ。

一方で、これらの研究の目的が生まれる過程には、「きっかけ」が必要だ。なぜその目的に興味をもつようになったのか、という動機づけである。通常、研究のきっかけは、社会で問題となる課題を解決したい、自分の研究分野を発展させたい、ということから出てくるのが普通かもしれない。しかし、私の研究は見てもらった通り、研究のきっかけは、それはもう私の興味本位以外のなにものでもない。3章の魚の社会的認知の研究では、そもそも魚がテレビを見て学習できたらすごいんじゃないか、なにかすごそうな研究をしてみたい、というのがきっかけであった。4章の魚の行動改善の研究は、「人の役に立たない魚類心理学」が実は役に立つかもしれないことを示したいという動機であった。6章の魚の掃除の研究に至っては、掃除をしたくないという個人的な主張を通すためだけにおこなったものだ（結局、自分の主張とは違う結論になってしまったが）。

何が言いたいかというと、研究のきっかけは「適当」な発想でいいということである。もちろん、「人のために役立ちたい」や「世界に残される謎を解き明かしたい」といった壮大なきっかけをもつことは素晴らしいことであるし、研究者たるものそうあるべきだとは思う。しかし、もっと自由に、自分の抱える純粋な興味を動機として研究をしてもいいのだと私は思う。自分が「なぜかわからないけど気になる」ことや「自分の主張の正しさを証明したい」といった自分本位のテーマであっても、研究してみればいいのだ。研究とは、そもそも何かの真理を追求し、それを明らかにすることである。自分で「何か」想うことがあり、その目的をつけられるのであれば、何を研究するかは適当に考えれば良いと、私は常々考えている。

しかし、ここでいう適当とは、なげやりで大雑把な「テキトー」（英語で言うならばrough）ということではない。あくまでも「適当」（適切、良い加減、英語で言うところのproper）な研究にまとめなければならないことには注意してほしい。なので、適当な研究は必ずしも、簡単なわけではない。むしろ、自分の思いのままに考える適当な研究では、そのアイデアを支える背景を独学で学び、過去に誰かがやっていないかという新規性を踏まえつつ、独創的な実験アイデアを考案して進めていかなければならない。当然、それには失敗がつきものであることは、これまでの私の研究を見ればおわかりいただけるだろう。ただ、失敗を経験し、試行錯誤した末に自分の研究をやり遂げることができれば、それはとてつもない報酬となることは保証する（そして、その報酬から「研究をする」という行動の学習が成立するのだ）。

と言っても、意外とこのきっかけは生まれにくいのかもしれない。昔、学会でいつも通り自由な私の研究を発表していたとき、友人の研究者に「なんでそんなこと思いつくの?」と聞かれたことがある。私としては、好き勝手に自分の思ったことをやっているだけなので、その疑問にはとても驚いたが、自由に好きなことをするというのは、案外難しいことなのかもしれない。なんでも自由にやれるということと、実際に自由にしてみるというのは、実は直結しないのかもしれない。

この「自分の興味の赴くままにやる」といったことは、子供達の「将来やりたいこと」にも関係するだろう。未来の研究者を育てることにつながることを願い、私の研究のきっかけの進め方を少し説明したい。そもそも、私自身はそんなに発想が自由な方ではなかった。これは、はじめての研究である「アジの学習」が指導教官の発案であったことからもうかがえるだろう。ただ、その中でも書いたことだが、就職活動をしている期間に、とにかく研究から離れたことをきっかけに考え方が変わったのである。都会の中に一人佇んでいるとき、ふと周りに目をやると、ヒトのとる行動や自分の心理の不思議さに気づいた。「人はなぜこういう行動をするのだろう」「自分はなぜこういう考えをするのだろう」と疑問をもつようになった。たとえばある日、つまらないプレゼンに強制参加させられて苦痛で仕方なかったのだが、「このような気持ちになるのはなぜだろう?」と考えてみる。すると、「退屈は動物にとって苦痛なのではないだろうか?」という仮説が生まれてくるのである。このような「なぜ」に気づくこと、それ自体が研究のきっかけなのだ。

こういう考えがもてるようになると、世の中や自分の中には、気になることが無数に存在することに気づくことができる。自由な研究のネタは、身近にいくらでも転がっている。なので、適当な研究に取り組みたいのであれば、自分の生活の中にある、周りや自分を見つめ直して、それを今一度自分のなかで整理してみてほしい。とりあえず外に出て、周りを見て、なにか気になることがないか探してみよう。魚が好きなら海の中を潜ってもいいし、飼っている魚やペットショップの魚を見ている時でも研究のネタが生まれるかもしれない。釣り人の妄想ですら、研究のきっかけとなるのだ。また、必ずしも対象を魚などの特定の生物にする必要もない。通学中の電車の中で見かけるヒトや公園のハトの中にも不思議なことはあるはずだ。その対象を、自分にまでもっていくことができれば、自分の考えや気持ちでさえも研究のきっかけになる。つまらない講義を受けているときでさえも思わぬアイデアが生まれることがあるのだから。もちろん、こうして生まれた疑問は、そのままでは研究に発展しないことがほとんどではある。しかし、観察をして、この不思議に気づき、それを妄想するということを習慣づければ、自ずとテーマを想像する力が身についていくだろう。そのうち面白い現象に気づいて、いいアイデアが生まれた時は、身震いするくらい興奮できるようになる。

きっかけさえ生まれてしまえば、その考えに自分なりの仮説を作っていけば、すでに研究は始まっている。次は、その考えをどうやって調べたらいいかを考える「研究計画」へと移っていく。ここは、慣れないと難しいかもしれない。自分で解決策が見つけられない場合は、周りの人の意見や過去の研究を参考にしてみるといいだろう。なんなら、私に相談してもらっても構わない。アイデアさえあればあとは自分の好きなように調理すればいい。もちろん、現時点の技術では、検証しようもないアイデアが多いかもしれない。しかし、無数のアイデアを生み出せれば、何かしら検証する方法も考えつくだろう。個人的には、この研究計画を練るのが研究の中で一番楽しいことだと思っている。この計画もまたアイデアになるわけだが、画期的な方法が浮かぶとそれを試したくてウズウズしてくること請け合いだ。

そして、研究をしていく上で、実は一番大切かもしれないこと、それは行動力だ。いかに良いきっかけから素晴らしい計画が浮かぶ人がいたとしても、それを実践して検証しない限りは、それはその人のただの妄想で終わってしまう。なので、アイデアから計画ができたらとにかく実践するのである。この行動力を高めるのに大切なことは、「とりあえずやってみよう」精神である。これは、私自身も師匠である益田先生の教えから学習してきたことだ。ただ、この言葉は受け手の捉え方が大事である。「何でもいいからとりあえずやってみてよ」という「テキトー」なものではなく、「自分の考えたアイデアを、適当（proper）な手段でとりあえずやってみてください」と捉えれば、間違いなく研究は進んでいく。私は、最近では加齢に伴う衰えでこの行動力がかなり落ち込んでしまったが、最も精力的に実験をやっていたときは同時に一〇個以上の研究を並行してやるくらいのバイタリティをもっていた。まぁ、打率二割以下の研究者なので、そのほとんどは成果にならなかったわけだが。しかし、とにかくやってみることは重要であり、仮に失敗しても構わない。それはまったく無駄になるわけではなく、うまくいかない、予想と違った、というのも研究が発展していくためには不可欠である。研究に興味があるなら、「とりあえずやってみよう精神」をぜひ持ってほしい。

私の研究スタイルを恥ずかしげもなく紹介してみた。ここで紹介した研究の進め方が、将来研究者を目指す読者の参考になることを願っている。ただし、この考えはあくまでも私の研究の進め方なので一つの意見として受け入れてほしい。多くの研究者は、しっかりと勉強をして研究の基盤を固めた上で、学術界の目的と価値を明確にもって進めている。なので、ただ自由に自分の興味を推し進める私は、研究者の友人からは、変わり者と評されている。自分の思いつきに身を任せて、水槽の魚を追いかけまわしたり、机に水槽を並べて釣りをしていれば、それはたしかによほどの変わり者に見えるのかもしれない。ただ、自由に自分の発想を推し進めて自由な発想の研究をすることから新しい発見が生まれることがあるのは、これまでの紹介でも感じられたであろう。そして、なにより自由で適当な研究はとにかく面白い。

この本を通じて伝えたいもう一つのことは、魚という生き物の心についてである。この本をここまで読んできた多くの読者にとって、これまで魚との関わりは、食用や観賞、釣りなどの趣味に限られていただろう。そんな魚たちが心をもつかもしれない、とは考えたこともなかっただろうし、魚に心などないと思っていたのではないだろうか。しかし、そんな魚たちも、学習し、仲間から学び、経験を通して性格が変わったりもする。だから、魚にも「心のようなもの」があると感じられたのではないだろうか。また、魚が賢いと感じることもあったかもしれない。テレビに映る仲間から学習し、釣りの仕掛けを見極めて釣り人と駆け引きをしている魚たちがいるのだから、その賢さが読者のこれまでの想像を上回るものであれば嬉しいかぎりである。

では、私の研究で魚の心っぽいものが見られたとして、本当に魚に心があると言うことはできるのだろうか。実は、それを断定することはできない。そもそも、心とは、知識・感情・意思の総体と定義されており、とても多義的かつ抽象的な概念である。ヒトにとって、心は間違いなく存在するものなのかもしれないが、「心とは何か」という問いに対する答えは、人によって違うだろうし、そのどれも正解でも不正解でもないだろう。つまり、心の実態は、ヒトにおいてさえ、なんだかよくわからないものなのである。そんな、ヒトでも不確かなものが、魚に存在するというのはとても難しい。しかし、魚の研究の中では、やはり魚に心（と思しきもの）があるように感じられる。ヒトが「あの人には心がある」と感じる時、それは他者を見たり、聞いたりして判断するだろう。同じように考えると、ヒトが魚の振る舞いを見て、「あの魚には心がある」と感じられれば、その人にとっては魚に「心のようなものがある」と見なせると私は思っている。なんだか屁理屈っぽく、結局「魚に心があるか？」という問題の結論を出すこともできないが、読者にも「魚にも心のようなものがある」と感じてもらえれば、それはこの本の狙いがうまく達成できた証でもある。ただ一つ懸念があるとすれば、この本を通じて魚に心があると感じた読者が、魚を食べられなくなってしまうのではないか、ということだ。そうならないことを願っている。

魚の心を知ることは、ほとんどのヒトにとっては、大して意味のないものかもしれない。しかし、魚がどのように生活しているかといった生態の理解、ヒトと共通した心の原理の解明、水産業などのヒト社会への応用など、いろいろなことに役立つと自負している。一つ一つは些細な課題で、またその発展までにはまだまだ遠い道のりなのは間違いないが、未来への可能性を秘めた研究なのだと信じている。そして、何より、魚の心を探ることは面白い。ヒトとは違う形をして、水の中を泳ぎ回る小さな生き物が、ヒトを彷彿とさせる振る舞いを見せるとき、この生き物たちに愛らしさを感じ、生き物の面白さに触れることができる。そして、そんな魚の中に「心」を感じることで、自分自身にも存在する「心」というものを見つめ直すきっかけになり、自分の心の持ち方にも影響を与えるかもしれない。この本を読んで、魚の心に触れることで、このことに共感していただけたら、これほど嬉しいことはない。

一方で、はじめに触れたように、私の研究で実際にやっていることは、水槽の魚を眺めたり、釣りをしたりと、やはり遊びなのかもしれない。しかし、そんな遊びのような研究なので、研究の入り口としてのハードルはとても低い。興味とアイデアさえあれば、あなたにも必ずできる。ぜひ、興味のある方はこの魚の心理学に踏みこんできて、一緒に研究をしてほしい。

最後に、本書を書かせていただいた上で、ご助力をいただいたみなさんに感謝の言葉を伝えたい。本書の中でも度々登場する、京都大学舞鶴水産実験所の益田玲爾先生には研究者のあり方を学ばせていただいた。今私が「適当」な研究ができているのは、益田先生の「とりあえずやってみよう」というご指導のおかげに他ならない。また、その点については、共同指導教官になっていただいた山下洋先生も同じである。お二方が私の我が儘な研究をどれほど暖かい目で見守ってくださっていたのか、同じ教員という立場になった今、改めて痛感している。実験所では、多くの先生方や先輩、同僚、後輩たちにも助けてもらった。特に、魚の飼育技術を伝授してくださった福西悠一博士（現在 富山県農林水産総合技術センター）や調査中に命を救っていただいた南憲吏先生（現在 北海道大学）には、足を向けて寝ることはできない。また、私の研究の話を業務の合間にいつも聞いてくださった技術職員の小倉良仁船長にも合わせて感謝したい。

長崎大学での日本学術振興会の特別研究員の時には、竹垣毅先生に大変お世話になった。研究分野が不明瞭な私を快く受け入れていただいたのは、竹垣先生の懐の深さのおかげである。竹垣先生の元で研究に対する貪欲さと行動生態学という新しい視点を学ばせてもらったことは、その後の私の研究の幅を大きく広げてくれたと実感している。当時は、同時期に博士研究員として在籍していた向草世香博士（現在 国立研究開発法人 水産研究・教育機構）、佐藤成翔先生（現在 東海大学）、竹下文雄博士（現在 北九州市立いのちのたび博物館）、西海望博士（現在 基礎生物学研究所）に他愛もない研究談義に付き合っていただいたので、とても楽しい時間を過ごすことができた。

その後に所属した慶應義塾大学の林良信先生や、研究プロジェクトで関わることとなった大阪公立大学の幸田正典先生、安房田智司先生にも様々な刺激をいただいた。これまでにお世話になった研究者の方々は、常識では計り知れない世界観を持っていて、常人である私は大いに刺激をいただいた。また、本書に載せている写真の一部は、益田先生、竹垣先生、福西さんからご提供いただいた。

感謝を忘れてはならないのは、本書の執筆に携わっていただいた方々だ。私が本書を書き上げることができたのは、新動物記シリーズの執筆を紹介してくださった持田浩治先生をはじめ、編集作業でご尽力いただいた西江仁徳先生、黒田末壽先生、京都大学学術出版会の永野祥子さんのお陰である。なお、執筆に大変時間がかかってしまった非礼をこの場を借りてお詫びさせていただきたい。

私の研究は共同作業をあまり必要としない。しかし、本を書くという、これまでの研究を振り返ってみつめることで、ここまで自由に、楽しく研究ができてきたのは、これまでに関わってきた多くの方々の助力や刺激を受けたおかげであることがはっきりとわかった。皆様に、心より感謝申し上げたい。

そして、私が興味本位の自由な研究を今もできているのは、家族のサポートなくしては考えられない。文句をいいながらも、私の研究を見守り支えてくれた妻と息子、娘、愛犬ジノと、研究者への道へと進ませてくれた両親、兄、今は亡き祖母（と愛犬カイ）に心から感謝したい。ありがとうございました。

著者のおすすめ

読書案内

魚の心をさぐる——魚の心理と行動

益田玲爾 著、成山堂書店、2007年

私の師匠である益田玲爾先生が書かれた魚類心理学の入門書。著者が実際に取り組んできたフィールド調査や行動実験について細かく魅力的に紹介されており、魚類心理学の面白さを存分に味わうことができる。初学者でも馴染みやすいため、中高生にも向いている。

魚との知恵比べ——魚の感覚と行動の科学

川村軍蔵 著、成山堂書店、2010年（3訂版）

日本の魚の行動学を牽引されてきた川村軍蔵先生が書かれた魚類の感覚・行動を学ぶのに適した教本。はじめて読んだのは大学生の時であったが、魚の行動を研究することを目指すきっかけを与えてくれた。行動学的な実験だけでなく、生理学的な研究も紹介されており、幅広く魚類の行動原理を教えてくれる。

Fish Cognition & Behavior

Culum Brown, Kevin Laland, Jens Krause 編、Wiley Blackwel、2011年（2nd edition）

世界の魚類認知研究をまとめた魚類心理学の教科書的な本。英文のため全てを読解することは大変だが（私も全てを読んではいない……）、魚類の興味深い行動や認知について網羅的に書かれている。魚の認知や心理を本格的に学びたい人にはぜひ読んでほしい。

(2016) Digits and fin rays share common developmental histories. *Nature*, 537: 225-228.

7章

［1］ 林美都子（2013）キンギョ，アホロートル，メダカを用いた実験室外オペラント条件づけの試み．北海道教育大学紀要教育科学編64: 173-180.

［2］ 吉田将之（2015）学習・記憶 魚に芸を仕込もう．研究者が教える動物実験 第3巻 行動 第5章．共立出版，162-165.

誌81: 274-282.
[2] Lennox, R. J., Alós, J., Arlinghaus, R., Horodysky, A., Klefoth, T., Monk, C. T. and Cooke, S. J. (2017). What makes fish vulnerable to capture by hooks? A conceptual framework and a review of key determinants. *Fish and Fisheries*, 18: 986-1010.
[3] Beukema, J. J. (1970) Angling experiments with carp (*Cyprinus carpio L.*): II. Decreasing catchability through one-trial learning. *Netherland Journal of Zoology*, 20: 81-92.
[4] Lamb, C. F. and Finger, T. E. (1995) Gustatory control of feeding behavior in goldfish. *Physiology and Behavior*, 57: 483-488.
[5] Takahashi, K., Masuda, R. and Yamashita, Y. (2015) Can red sea bream Pagrus major learn about feeding and avoidance through the observation of conspecific behavior in video playback? *Fisheries Science*, 81: 679-685.
[6] Fujita, M., Yamasaki, S., Katagiri, C., Oshiro, I., Sano, K., Kurozumi, T., Sugawara, H., Kunikita, D., Matsuzaki, H., Kano, A., Okumura, T., Sone, T., Fujita, H., Kobayashi, S., Naruse, T., Kondo, M., Matsu'ura, S., Suwa, G., Kaifu, Y. (2016) Advanced maritime adaptation in the western Pacific coastal region extends back to 35,000-30,000 years before present. *Proceedings of the National Academy of Sciences*, 113: 11184-11189.
[7] Kuparinen, A. and Merilä, J. (2007) Detecting and managing fisheries-induced evolution. *Trends in Ecology and Evolution*, 22: 652-659.

6章

[1] Moskát, C., Székely, T., Kisbenedek, T., Karcza, Z. and Bártol, I. (2003) The importance of nest cleaning in egg rejection behaviour of great reed warblers *Acrocephalus arandinaceas*. *Journal of Avian Biology*, 34: 16-19.
[2] Colleye, O. and Parmentier, E. (2012) Overview on the diversity of sounds produced by clownfishes (Pomacentridae): importance of acoustic signals in their peculiar way of life. *PLOS ONE* 7(11): e49179.
[3] Oliveira, R. F., Miranda, J. A., Carvalho, N., Gonçalves, E. J., Grober, M.S. and Santos, R. S. (2000) Male mating success in the Azorean rock-pool blenny: the effects of body size, male behaviour and nest characteristics. *Journal of Fish Biology*, 57: 1416-1428.
[4] Takegaki, T., Kaneko, T. and Matsumoto, Y. (2013) Tactic changes in dusky frillgoby *Bathygobius fuscus* sneaker males effects of body size and nest availability. *Fish Biology*, 82: 475-491.
[5] Nakamura, T., Gehrke, A. R., Lemberg, J., Szymaszek, J. and Shubin, N. H.

japonicus juveniles. *Fisheries Science*, 78: 269-276.

［4］ Masuda, R. and Ziemann, D. A.（2000）Ontogenetic changes of learning capability and stress recovery in Pacific threadfin juveniles. *Journal of Fish Biology* 56: 1239-1247.

［5］ バンデューラ，A.（2012）社会的学習理論—人間理解と教育の基礎 オンデマンド版（原野広太郎 訳）．金子書房．

［6］ Takahashi, K., Masuda, R. and Yamashita, Y.（2015）Can red sea bream Pagrus major learn about feeding and avoidance through the observation of conspecific behavior in video playback?. *Fisheries Science*, 81: 679-685.

4章

［1］ 竹内俊郎，中田英昭，和田時夫，上田宏，有元貴文，渡部終五，中前明，橋本牧 編（2016）水産海洋ハンドブック．生物研究社．

［2］ Kitada, S. and Kishino, H.（2006）Lessons learned from Japanese marine finfish stock enhancement programmes. *Fisheries Research*, 80: 101-112.

［3］ 古田晋平（1998）ヒラメの人工種苗と天然稚魚の摂食行動の比較．日本水産学会誌64: 393-397.

［4］ Brown, C. and Day, R. L.（2002）The future of stock enhancements: lessons for hatchery practice from conservation biology. *Fish and fisheries*, 3: 79-94.

［5］ Mirza, R.S. and Chivers, D. P.（2000）Predator-recognition training enhances survival of brook trout: evidence from laboratory and field-enclosure studies. *Canadian Journal of Zoology*, 78(12): 2198-2208.

［6］ Kawabata, Y., Asami, K., Kobayashi, M., Sato, T., Okuzawa, K., Yamada, H., Yoseda, K. and Arai, N.（2011）Effect of shelter acclimation on the post-release survival of hatchery-reared black-spot tuskfish *Choerodon schoenleinii*: laboratory experiments using the reef-resident predator white-streaked grouper *Epinephelus ongus*. *Fisheries Science*, 77: 79-85.

［7］ 内田和男，桑田博，塚本勝巳（1993）マダイの種苗性と横臥行動．日水誌59: 991-999.

［8］ Takahashi, K., Masuda, R., and Yamashita, Y.（2013）Bottom feeding and net chasing improve foraging behavior in hatchery-reared Japanese flounder *Paralichthys olivaceus* juveniles for stocking. *Fisheries Science*, 79: 55-60.

［9］ 高場稔，北田修一，中野広，森岡泰三（1995）マダイ放流種苗の生残．体成分変化と種苗性．日水誌61: 574-579.

5章

［1］ 中村智幸（2015）レジャー白書からみた日本における遊漁の推移．日本水産学会

引用文献

1章

[1] Masuda, R. (2008) Seasonal and interannual variation of subtidal fish assemblages in Wakasa Bay with reference to the warming trend in the Sea of Japan. *Environmental Biology of Fishes*, 82: 387-399.

[2] Masuda, R., Yamashita, Y., and Matsuyama, M. (2008) Jack mackerel *Trachurus japonicus* juveniles use jellyfish for predator avoidance and as a prey collector. *Fisheries Science*, 74: 276-284.

[3] メイザー J. E. (1999) メイザーの学習と行動 (磯博行，坂上貴之，川合伸幸 訳). 二瓶社.

[4] Brown, C., Laland, K. and Krause, J. (2011) *Fish Cognition and Behavior*. Blackwell Publishing Ltd.

[5] Masuda, R. (2009) Ontogenetic changes in the ecological function of the association behavior between jack mackerel *Trachurus japonicus* and jellyfish. *Hydrobiologia*, 616: 269-277.

[6] Makino, H., Masuda, R. and Tanaka, M. (2006) Ontogenetic changes of learning capability under reward conditioning in striped knifejaw *Oplegnathus fasciatus* juveniles. *Fisheries Science*, 72: 1177-1182.

[7] Takahashi, K., Masuda, R. and Yamashita, Y. (2010) Ontogenetic changes in the spatial learning capability of jack mackerel *Trachurus japonicus*. *Journal of Fish Biology*, 77: 2315-2325.

2章

[1] Takahashi, K., Masuda, R. and Yamashita, Y. (2010) Ontogenetic changes in the spatial learning capability of jack mackerel *Trachurus japonicus*. *Journal of Fish Biology*, 77: 2315-2325.

3章

[1] Brown, C., Laland, K. N. (2011) Social learning in fishes. In :*Fish Cognition and Behavior* (Edited by Brown, C., Laland, K. and Krause, J.), Blackwell Publishing Ltd., 240-257.

[2] 持田浩治，香田啓貴，北條賢，高橋宏司，須山巨基，伊澤栄一，井原泰雄 (2020) 社会学習による行動伝播の生態学における役割. 日本生態学会誌70: 177-195.

[3] Takahashi, K., Masuda, R., and Yamashita, Y. (2012) School for learning: sharing and transmission of feeding information in jack mackerel *Trachurus*

は

ビニールハウス（ハウス）　72, 200, **201**
ヒラメ　**5**, 21, 129, **130**
浮上行動　131, 135, 138
放流　125, 126, 136, 146, 149, 166

ま

マアジ（アジ）　**4**, 35, **43**, 50, 55, **67**, **70**, **77**, 80, 90, 95, **99**
マダイ　**6**, 112, **127**, 138, **144**, 149, 165, **170**, 218, **225**
ミナミヌマエビ　155, **156**
群れ　50, 94, 95, 98, **99**, 101

ら

連合　117

わ

輪くぐり　**217**, 218, **225**, **231**, 239
ワムシ　68, **69**

索　引

＊**太字**の数字は写真・動画の掲載ページを示す。

あ

愛着　148
イシダイ　**8**, 34, 49, 56, **217**
鋭敏化　147, 150
エチゼンクラゲ　**8**, **41**, **43**, **45**
追いかけ（手網追尾）　**133**, 134, **139**, 145, 156
オペラント条件づけ　83, 223, 236

か

学習　30, 117, 162, 215, 220
学習能力の個体発生　35, 75
隠れ家　112, 136, 142
カサゴ　**8**, **152**
カワハギ　8, **109**, 115
環境　36, 55, 58, 75, 80, 95, 101, 126, 136, 146, 149, 178
観察学習　88, 89, 96, 102, 110, 182
教育　213, 227, 232
魚類心理学　26, 29, 120, 122, 243
キンギョ　**7**, 189, 218, **228**, **231**, **232**, 233, **236**, **238**, **240**
空間学習　48, 55, 75
クモハゼ　**7**, 202, **204**, **206**, 218
警戒心　138, 141, 147, 156
古典的条件づけ　222, 234

さ

栽培漁業　123, 124, 125, 138, 156
サッカー　233, **235**, **240**
飼育環境　127, 132
仔魚　67, 68, **70**
シマアジ　**5**, 103, **109**
人工種苗　126, 127, 149
心理（心）　15, 16, 29, 31, 32, 80, 117, 122, 155
水産学　121, 122, 151, 154
ストレス　145, 146, 150, 164, 169
性格　155, 156, 169
掃除行動　197, 198, 202, 209

た

代理報酬　108, 115
釣り　38, 63, 160, **161**, 177, 186
テレビ　34, 86, 110
逃避学習　112, **113**

な

悩み　53, 170
慣れ（馴化）　144, 150, 169, 220
認知　117, 186

Profile

高橋宏司（たかはし　こうじ）

カナダで生まれたのち神奈川県三浦半島で魚と遊びながら育つ。東京水産大学（現東京海洋大学）に進学後、京都大学大学院舞鶴水産実験所に移り、魚と遊びながら学ぶ。学位取得後は同実験所の研究員としてアサリや環境DNAの研究にも関わる。その後、長崎大学水産・環境科学総合研究科、慶應義塾大学法学部生物学教室、京都大学フィールド科学研究教育センターと転々とし、2023年より新潟大学自然科学系・創生学部で働く。魚類を中心とした生物の心理・認知について、行動生態学や動物心理学、水産学に絡めて研究を進めているが、いずれの分野も専門家ではなく、専門は魚類心理学。おこなっている研究は、大人の自由研究的なものばかりで、周りからは奇人扱いをうけることが間々あるが、本人は真剣なつもりである。

新・動物記 9

ヒト心あれば魚心

釣られた魚は忘れない

2024 年 7 月 5 日　初版第一刷発行

著　者　高橋宏司

発行人　足立芳宏

発行所　京都大学学術出版会

京都市左京区吉田近衛町69番地
京都大学吉田南構内（〒606-8315）
電話　075-761-6182
FAX　075-761-6190
URL　https://www.kyoto-up.or.jp
振替　01000-8-64677

ブックデザイン・装画　森　華

印刷・製本　亜細亜印刷株式会社

ISBN 978-4-8140-0540-6　　定価はカバーに表示してあります

た膨大な時間のなかに新しい発見や大胆なアイデアをつかみ取るのです。こうした動物研究者の豊かなフィールドの経験知、動物を追い求めるなかで体験した「知の軌跡」を、読者には著者とともにたどり楽しんでほしいと思っています。

最後に、本シリーズは人間の他者理解の方法にも多くの示唆を与えると期待しています。人間は他者の存在によって、自己の経験世界を拡張し、世界には異なる視点と生き方がありうると思い知ります。ふだん共にいる人でさえ「他者」の部分をもつと認識することが、互いの魅力と尊重のベースになります。動物の研究も、「他者としての動物」の生をつぶさに見つめ、自分たちと異なる存在として理解しようと試みています。そして、なにかを解明できた喜びは、ただちに新たな謎を浮上させ、さらなる関与を誘うのです。そこで異文化の人々の世界を描く手法としての「民族誌（エスノグラフィ）」になぞらえて、この動物記を「動物のエスノグラフィ（Animal Ethnography）」と位置づけようと思います。この試みが「人間にとっての他者＝動物」の理解と共生に向けた、ささやかな、しかし野心に満ちた一歩となることを願ってやみません。

シリーズ編集

黒田末壽（滋賀県立大学名誉教授）

西江仁徳（京都大学・京都工芸繊維大学研究員）

来たるべき動物記によせて

「新・動物記」シリーズは、動物たちに魅せられた若者たちがその姿を追い求め、工夫と忍耐の末に行動や社会、生態を明らかにしていくドキュメンタリーです。すでに多くの動物記が書かれ、無数の読者を魅了してきた今もなお、私たちが新たな動物記を志すのには、次の理由があります。

私たちは、多くの人が動物研究の最前線を知ることで、人間と他の生物との共存についてあらためて考える機会となることを願っています。現在の地球は、さまざまな生物が相互に作用しながら何十億年もかけてつくりあげたものですが、際限のない人間活動の影響で無数の生物たちが絶滅の際に追いやられています。一方で、動物たちは、これまで考えられてきたよりはるかにすぐれた生きていく術《スキル》をもつこと、また、他の生物と複雑に支え合っていることがわかってきています。本シリーズの新たな動物像が、読者の動物との関わりをいっそう深く楽しいものにし、人間と他の生物との新たな関係を模索する一助となることを期待しています。

また、本シリーズは研究者自身による探究のドキュメントです。動物研究の営みは、対象を客観的に知るだけにとどまらない幅広く豊かなものだということも知ってほしいと願っています。動物を発見することの困難、観察の長い空白や断念、計画の失敗、孤独、将来の不安。そのなかで、研究者は現場で人々や動物たちから学び、工夫を重ね、できる限りのことをして成長していきます。そして、めざす動物との偶然のような遭遇や工夫の成果に歓喜し、無駄に思え

ANIMAL ETHNOGRAPHY

新・動物記

シリーズ編集　黒田末壽・西江仁徳

好評既刊

1 キリンの保育園　タンザニアでみつめた彼らの子育て　齋藤美保
2 武器を持たないチョウの戦い方　ライバルの見えない世界で　竹内 剛
3 隣のボノボ　集団どうしが出会うとき　坂巻哲也
4 夜のイチジクの木の上で　フルーツ好きの食肉類シベット　中林 雅
5 カニの歌を聴け　ハクセンシオマネキの恋の駆け引き　竹下文雄
6 アザラシ語入門　水中のふしぎな音に耳を澄ませて　水口大輔
7 白黒つけないベニガオザル　やられたらやり返すサルの「平和」の秘訣　豊田 有
8 土の塔に木が生えて　シロアリ塚からはじまる小さな森の話　山科千里
9 ヒト心あれば魚心　釣られた魚は忘れない　高橋宏司